21 世纪应用型本科规划教材

大学化学实验系列

有机化学实验

（第二版）

主　编　王莉贤
副主编　王　红　杨志强　高永红

上海交通大学出版社

内 容 提 要

　　本教材是由上海应用技术学院化学实验教学示范中心组织编写的化学实验系列教材之一,它是根据"高等学校基础课实验教学示范中心建设标准"和"普通高等学校本科化学专业规范"中化学实验教学基本内容,为适应大众化应用型人才培养要求编写的。本书主要内容包括:有机化学实验的一般知识;有机化学基础实验;有机化学综合实验;有机化学设计和研究性实验。本书还简要介绍了国内外较新的文献、文摘、手册、字典、实验教科书、红外光谱和核磁共振谱图集的查阅方法;常用有机溶剂的物性常数表、不同类型有机化合物质子的化学位移和若干有机化合物的 IR 谱图、常用有机溶剂的纯化方法等。

　　本书可供高等院校应用化学、化学工程与工艺、轻化工程、材料工程、生物工程、食品工程、环境工程、制药工程等相关专业使用,也可供从事相关专业的科技人员和化学实验室工作人员参考。

图书在版编目(CIP)数据

　　有机化学实验/王莉贤主编. —2 版. —上海:上海
交通大学出版社,2017(2019 重印)
　　21 世纪应用型本科规划教材. 大学化学实验系列
　　ISBN 978-7-313-04827-1

　　Ⅰ. 有... Ⅱ. 王... Ⅲ. 有机化学—化学实验—高等学校—教材 Ⅳ. O62-33

　　中国版本图书馆 CIP 数据核字 (2009) 第 005211 号

有机化学实验
(第二版)

王莉贤　主编

上海交通大学出版社出版发行

(上海市番禺路 951 号　邮政编码 200030)

电话 :64071208

常熟市文化印刷有限公司 印刷　全国新华书店经销

开本 :787mm×1092mm　1/16　印张 :9.5　字数 :234 千字

2009 年 2 月第 1 版　2017 年 7 月第 2 版　2019 年 8 月第 5 次印刷

ISBN 978-7-313-04827-1/O　定价 :29.00 元

前　言

随着 21 世纪科学技术和知识经济的迅速发展,中国的教育模式发生了根本的变化,即已由精英教育走向大众化教育。本科高等教育的目标应向培养社会需求的、具有创新精神和创新能力的本科应用型人才方向发展。这种定位,对我们的培养计划和教学内涵提出了特殊的要求:应以知识传授、能力培养、素质提高协调发展为教学理念,建立有利于培养实践能力和创新能力为中心的实用教学体系,彻底改革以单纯传授知识为中心的教学内容和教学模式。在进行化学教育培养观念更新的同时,对有机化学实验的教学内容、方法和手段进行改革也势在必行,必须以学生为本,建立涵盖基础性、综合性、设计性和创新性实验的多元有机化学实验教学模式,以求达到"应用型创新人才"培养的目标。

符合时代要求的有机化学实验教学内涵应具有先进性、实用性和科学性——应体现近代的实验技术和现代的实验方法;应与生产实际更接近;应具有广阔性、时代性和社会性。有机化学实验教学内容、方法和手段应具有多样性——利用现代教学技术,扩充有机化学实验教学"容量";实现开放式教学,形成从低到高、从基础到前沿、从传授知识到培养综合应用能力,逐级提高的新体系;利用现代实验仪器和物理技术,充实有机化学实验的现代内容;及时纳入科研成果,不断提高有机化学实验教学水平。

目前紧随有机实验教学改革、满足适应大众化应用型人才培养要求的教材较为少见,为此我校"基础化学实验示范中心"组织编写了培养新世纪应用型人才的"有机化学实验书"。本书根据教育部"高等学校基础课实验教学示范中心建设标准"和"普通高等学校本科化学专业规范"中化学实验教学基本内容,结合"厚知识、宽专业、大综合"的教学理念,对我校已经五届学生使用的原有讲义经过精心整理、删改、充实、提高,同时吸取现有教材优点的基础上编写而成。是我校"基础化学实验示范中心"有机化学实验教研组多年教学改革和实践经验的结晶。

本书编写的着眼点是以基础化学实验为一个有机整体,结合有机化学实验自身的系统性及与其他课程的衔接和交叉,按照逐级提高的有机化学实验教学体系,在内涵上体现出四个层次,不同层次标志着不同实验技能和科学思维水平的培养目标。

基础性实验:①有机化学的基本操作实验(基本操作和基础技术训练、常用有机物的分离和提纯、基本实验仪器的使用和物理常数的测定);②典型有机化合物的基本制备实验;③有机化合物的性质验证实验;④天然化合物的提取实验。

这部分内容是有机化学实验的入门,培养学生有机化学基本实验的能力;是综合实验和设计性实验的基础;也是适应各个专业的普遍性实验。

综合性实验:结合无机、分析、物理化学及物理学知识,完成多步合成实验,引导学生综合运用多门课程的实验方法和技术,得到收率高、质量好的目标化合物。

这部分内容看重培养学生综合思维、运用知识及技术的能力。

设计性实验:在有一定的基础和综合实验能力的基础上,以现代化学实验技术为主,利用先进的实验设备和仪器:如微波反应技术、教师的科研技术、微型反应技术;旋转蒸发仪、精密分馏装置等,由学生自己设计实验方案,在教师的指导下以科研的方式进行实验,写出总结报告。

　　这部分内容使学生了解实验技术的先进性、现代性和发展性,为培养学生创新能力奠定基础。

　　研究型实验:部分学生自行组合成立科技发明小组,可邀请教师进行一定的协助性指导,在自己调研的基础上,利用扎实的理论和有机化学实验基础,进行立项,开展创新性研究,以小论文或研究报告的形式结题;或对企业调研,为企业需要解决的有机化学问题作探索性实验。研究型实验不占教学计划的学时,学生利用业余时间进行。

　　这部分内容为培养学生的科研能力和应用知识的能力创造条件。

　　本书由王莉贤主编,王红、杨志强、高永红为副主编,杜葩、金东元、康丽琴、李丽华、孙小玲参加了本书的编写工作。全书由王莉贤统稿。

　　限于编者的水平,书中有缺点甚至错误之处恳切希望广大读者批评指正。

编者

2008 年 8 月于上海

目　　录

第1章 有机化学实验的一般知识

有机化学是以实验为主的自然科学,有机化学实验是有机化学课程的重要组成部分,实验的目标是培养学生的科学素质、知识能力和创新意识。因此有机化学实验是展现有机化学家智慧和创造力的重要手段,其基本任务是:①使学生掌握有机化学实验的基本技术、基本操作和基本技能,并综合运用这些基本知识分析和解决实际问题;②使学生具有科学研究的初步能力,具有优良的品德和创新精神。要学好有机化学实验课程,首先必须掌握有机化学实验的一般知识。

1.1 有机化学实验室规则

为了保证有机化学实验课正常、有效、安全地进行,培养学生安全意识,并保证实验室安全和实验课的质量,学生必须遵守下列规则:

(1) 在进入有机化学实验室之前,必须认真阅读本章内容,了解进入实验室后应注意的事项及有关规定,认真学习有机化学实验安全知识。每次做实验前,认真预习实验的内容及相关的资料,写好实验预习报告,方可进行实验。没有达到预习要求者,不得进行实验。

(2) 进入实验室时,应熟悉实验室的环境,知道水、电、气总阀所处的位置,灭火器、急救药箱等急救器具放置地点和使用方法。不能穿拖鞋、背心、戴隐形眼镜,不能在实验室吸烟和吃东西。

(3) 实验中要做到:

① 每次实验先将仪器组装好,经老师检查合格后,方可进行下一步操作。在操作前,想好每一步操作的目的、意义、实验中的关键步骤及难点,了解所用药品的性质及应注意的安全问题。

② 严格按照操作规程操作,如要改变实验原定方案,必须经指导老师同意。

③ 要认真仔细观察实验现象,如实做好记录。

④ 实验过程中不得大声喧哗,不得擅自离开实验室。禁止边做实验边打手机,玩 MP3、PSP 等。

⑤ 爱护公用器材,保持实验室的环境卫生,公用仪器用完后,放回原处,并保持原样,仪器损坏应及时如实填写破损单,按赔偿制度处理。

⑥ 药品取完后,及时将盖子盖好,保持药品台面清洁(液体样品一般在通风橱中量取,固体样品一般在称量台上称取)。

⑦ 使用精密贵重仪器,应先了解其性能和操作方法,经老师认可后才能使用。出现问题随时报告老师,不得随意处理。

⑧ 废液应倒在废液桶内(易燃液体除外),固体废物(如沸石、棉花等)应放在固定的垃圾盒内,千万不要倒在水池中,以免堵塞。

(4) 实验结束后,将个人实验台面打扫干净,仪器洗、挂、放好,拔掉电源插头,请指导老师检查、签字后,方可离开实验室;值日生应负责整理公用器材,打扫卫生,检查水、电、气是否关闭,做完值日后,做好安全检查记录,经指导老师检查、签字后可离开实验室。

1.2　有机化学实验室的安全知识

有机化学实验中我们经常使用有机试剂和溶剂,这些物质大多数都易燃易爆有腐蚀性,而且具有一定的毒性。虽然我们在实验选择时,尽量选用低毒性的溶剂和试剂,部分实验采用微量法,但是当大量或多次使用时,也会对人体造成一定的伤害,因此,防火、防爆、防中毒、防烧伤等事故的发生已成为有机实验中的重要问题。同时,有机化学实验时所用的仪器大部分是玻璃制品,且在有机实验过程中,要使用电器及煤气加热,因此,防灼伤、防玻璃割伤、注意安全用电、用气也非常重要。由此可见,有机实验工作中,只要重视安全问题,提高警惕,严格遵守操作规程,强化安全措施,就能有效防止事故发生,使实验安全正常进行。下面介绍几种实验室事故的预防和处理方法。

1.2.1　火灾的预防及处理

1) 着火原因

着火是有机实验常见事故之一,引起着火的原因很多,如用敞口容器加热低沸点的溶剂、加热方法不正确等,均可引起着火。

2) 火灾预防

(1) 不能用敞口容器加热和放置易燃易挥发的化学药品。应根据实验要求和物质的特性,选择正确的加热方法。

(2) 尽量防止或减少易燃气体的外逸。处理和使用易燃物时,应远离明火,注意室内通风,及时将蒸气排出。

(3) 易燃易挥发的废物,不得倒入废液缸和垃圾桶中,应专门回收处理。

(4) 实验室不得存放大量易燃易挥发性物质。

(5) 有煤气的实验室,应经常检查管道和阀门是否漏气。

3) 火灾处理

一旦发生着火,应沉着镇静地采取正确措施,控制事故的扩大。首先,立即切断电源,移走易燃物,然后,根据着火的原因、火势和周围的环境采取适当的方法进行扑救。

有机物着火通常不能用水进行扑救,因为一般有机物不溶于水或与水会发生更强烈的反应而引起更大的事故。小火可用湿布或石棉布盖熄;火势较大时可用灭火器扑救(常用的灭火器有:二氧化碳、四氯化碳、干粉及泡沫灭火器);地面或桌面着火时还可用砂子扑救(但容器内着火不宜用沙子扑救);衣服着火时,可用浸湿的工作服将着火部位裹起来,或就近在地上打滚(速度不要太快),将火焰扑灭。千万不要在实验室内乱跑,以免造成更大的火灾。

1.2.2　爆炸的预防

1) 爆炸的原因

有机实验室爆炸事故一般有两种情况:

(1) 某些化合物容易发生爆炸,如过氧化物、芳香族硝基化合物等。在受热或受到碰撞时,均会发生爆炸。含过氧化物的乙醚在蒸馏时,也有爆炸的危险。乙醇在和浓硝酸混合时,也会引起极强烈的爆炸。

（2）仪器安装不正确或操作不当时，也会引起爆炸。如蒸馏或反应时实验装置被堵塞，减压蒸馏时使用不耐压的仪器等。

　2）爆炸事故的预防

（1）使用易燃易爆物品时，应严格按照操作规程操作，要特别小心。

（2）易爆固体的残渣必须按照要求销毁。

（3）反应过于猛烈时，应当控制加料速度和反应温度，必要时采取冷却措施。

（4）在用玻璃仪器组装实验装置之前，要先检查玻璃仪器是否有破损。

（5）常压操作时不能在密闭体系内进行加热或反应，要经常检查反应装置是否被堵塞；如发现被堵塞，应停止加热或反应，将堵塞排除后再继续加热和反应。

（6）减压蒸馏时，仪器必须耐压（不能用平底烧瓶、锥形瓶、薄壁试管等不耐压容器作为接收器或反应器）。

（7）常压蒸馏（含）减压蒸馏，均不能将被蒸液体蒸干，以免局部过热或产生过氧化物而发生爆炸。

　3）爆炸事故处理

对爆炸事故应以预防为主，一旦发生爆炸危险，首先应镇静，再根据险情进行排除或及时报警。

1.2.3　中毒的预防与处理

　1）中毒的途径

大多数化学药品都具有一定的毒性。中毒主要是通过呼吸道和皮肤接触有毒物品而对人体造成危害。

　2）中毒的预防

（1）所有化学药品不得直接与皮肤接触，更不能吸入口中。如称量药品时应使用工具，不得直接用手接触，尤其是具有毒性的药品。做完实验把手洗净后再吃东西。任何药品不得用嘴尝，不得用嘴吸移液管。

（2）使用和处理有毒或腐蚀性物质时，应在通风橱中进行或加气体吸收装置，并戴好防护用品。尽可能避免蒸气外逸，以防造成污染。

（3）实验中使用的剧毒物品，必须有专人发放和保管，使用剧毒物品者必须遵守操作规程。

　3）中毒事故处理

（1）如发生中毒现象，应让中毒者及时离开现场，到通风好的地方，并及时进行相应的应急处理，严重者应及时送往医院。

（2）吸入气体后中毒，应将中毒者搬到户外，解开衣领，再根据中毒气体的性质进行相应预先处理，并及时送往医院诊治。

（3）毒物溅入口中，应及时吐出，再用大量净水冲洗口腔；若已吞下，应根据毒物的性质进行相应的预先处理，并及时送往医院诊治。

1.2.4　灼伤的预防与处理

　1）灼伤的原因

皮肤接触了高温或低温、腐蚀性物质后均可能被灼伤。

2) 灼伤的预防

为避免灼伤,在接触这些物质时,最好戴橡皮手套和防护眼镜。

3) 灼伤的处理

(1) 碱灼伤:先用大量水冲洗,再用1%～2%的醋酸或硼酸溶液冲洗,然后再用水冲洗,最后涂上烫伤膏。

(2) 酸灼伤:应马上用抹布擦去大量酸液再用大量水冲洗,后用1%～5%的碳酸氢钠溶液清洗,最后涂上烫伤膏。

(3) 溴灼伤:应立即用大量水冲洗,再用酒精擦洗或用2%的硫代硫酸钠溶液洗至灼伤处呈白色,然后涂上甘油或鱼肝油软膏加以按摩。

(4) 热水烫伤:一般在患处涂上红花油,然后擦烫伤膏。

(5) 以上这些物质一旦溅入眼睛中,应立即使用洗眼器用大量水冲洗,并及时去医院治疗。

(6) 对于上述各种伤势较重者,应在急救后,立即送往医院诊治。

1.2.5 割伤的预防与处理

1) 割伤的原因

有机实验中主要使用玻璃仪器,使用时,如对玻璃仪器施加过度的压力,会使仪器破碎;或使用玻璃管和塞子连接装置时,用力处离塞子太远,引起玻管断裂,都会引起割伤。

2) 割伤的预防

(1) 新割断的玻璃管断口处特别锋利,使用时,要将断口处用火烧至熔化,使其成圆滑状。

(2) 需要用玻璃管和塞子连接装置时,用力处不要离塞子太远,图1-1中:(a)和(c)所示的操作正确,(b)和(d)所示的操作不正确。尤其是插入温度计时,要特别小心。

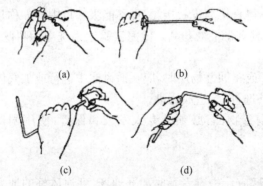

(a)　　　　　　　　(b)

(c)　　　　　　　　(d)

图 1-1　玻璃管与塞子连接时的操作方法

(3) 使用玻璃仪器时,最基本的原则是:不能对玻璃仪器的任何部位施加过度的压力。

3) 割伤的处理

发生割伤后,应将伤口处的玻璃碎片取出,再用生理盐水将伤口洗干净,涂上红药水,用纱布包好伤口。若割破静(动)脉血管,流血不止时,应先止血。具体方法是:在伤口上方约5～10cm用绷带扎紧或用双手掐住,然后再进行处理或送往医院。

1.2.6 用电安全和用气安全

进入实验室后,在了解水、电、气的开关位置的基础上,必须掌握它们的安全使用方法。

　　在实验中用电器时,要防止人体与电器导电部分直接接触,应先将电器设备上的插头与插座连接好后,再打开电源开关。不能用湿手或手握湿物插或拔插头。使用电器前,应检查电路是否连接正确,电器内外要保持干燥,不能有水或其他溶剂。实验做完后,应先关掉电源,再拔插头。若有触电发生,应立即设法使触电者脱离电源,然后对严重者进行人工呼吸,同时急送医院抢救。

　　在实验中用煤气加热时,防止煤气管、煤气灯漏气,使用煤气后一定要把阀门关好。

1.2.7　急救器具与安全警示

　　(1) 实验室必须具备下列急救器具:

　　消防器材:干粉灭火器、四氯化碳灭火器、二氧化碳灭火器,沙箱、石棉布、防火毯。喷淋设备(含洗眼器);

　　急救药品:如生理盐水、医用酒精、红药水、烫伤膏、1‰～2‰乙酸或硼酸溶液、1‰～5‰的碳酸氢钠溶液、甘油、止血粉、龙胆紫、凡士林等;还应备有镊子、剪刀、纱布、药棉、绷带、等急救用具。

　　(2) 各种急救器具放置地点和使用方法应有醒目的标识。

1.3　有机化学实验预习、记录和实验报告

　　有机化学实验课是一门综合性比较强的理论联系实际的课程。它是应用型人才培养的重要环节,尤其是培养学生独立工作能力、分析问题和解决问题能力的重要途径。做好实验前预习、现场记录和课后实验总结是达到有机化学实验课程培养目标的重要保障,完成一份正确、完整的实验报告,更是一个很好的训练过程。学生必须按照要求做好实验前预习、现场记录和实验报告。

1.3.1　实验预习

　　预习时,不仅要研读实验内容,必要时还应查阅有关的文献资料,以便领会实验原理;了解每一步操作的目的,弄清楚本次实验的关键步骤和难点、实验中有哪些安全问题。在此基础上写出预习报告。

　　实验预习报告的内容包括:

　　(1) 本次实验要达到的主要目的。

　　(2) 写出主、副反应式及反应机理,简单叙述操作原理。

　　(3) 画出主要反应装置图,并标明仪器名称。

　　(4) 按实验报告要求填写主要试剂及产物的物理常数。

　　(5) 画出反应及产品纯化过程的流程图。

　　(6) 回答该实验的相关问题。

　　预习是做好实验的关键,只有预习好了,实验时才能做到又快又好。

1.3.2　实验记录

　　实验记录是科学研究的第一手资料,实验记录的好坏直接影响对实验结果的分析。因此,

学会做好实验记录也是培养科学作风及实事求是精神的一个重要环节。

实验记录要有专用的编号页码的记录本,作为一位科学工作者,必须对实验的全过程进行仔细观察。每一个实验必须从新的一页开始记录。

实验记录的内容包括:

(1) 实验环境 日期、天气,试剂规格、仪器的规格及品牌、实验场地等。

(2) 操作步骤 原料的用量、加料顺序及时间、反应时间、主要操作步骤过程时间等。

(3) 实验现象 反应颜色的变化、有无沉淀及气体出现、固体的溶解情况以及反应温度和加热后反应的变化等,都应认真记录。特别是与预期现象不同时,应按实际情况记录并结合操作步骤作为讨论问题的依据。

(4) 实验结果 产品的颜色和产量、产品的熔点或沸点等物化数据。

实验记录是实验的关键,记录时要与操作步骤一一对应,内容要简明扼要、条理清楚。必须实时记录在记录本上,不能随便记在一张纸上,课后应抄在有机实验报告上。

1.3.3 实验报告

实验报告是对实验工作的全面总结,这部分工作在课后完成,内容包括:

(1) 实验步骤的描述和对实验现象正确的解释。

(2) 实验物产率的计算:计算公式为:产率=(实际产量/理论产量)×100%

(3) 产物物理常数表述:分别填写产物的物理常数文献值和测试值,并注明测试条件。如温度、压力等。

(4) 实验结果分析与讨论。包括①实验结果分析;②实验体会;③实验中出现的问题和解决问题的办法;④建设性的建议。

实验报告文字要精炼,图表清晰准确,并进行认真讨论。

一份完整的实验报告可以充分体现学生对实验理解的深度、综合解决问题的能力及文字表达的能力。

现举例说明有机化学实验报告的具体写法。

乙酸正丁酯的制备

1. 实验目的

(1) 了解缩合反应、酯化反应的原理和合成方法。

(2) 学习洗涤和干燥的原理及操作方法。

(3) 熟悉分水器的用法。

2. 反应原理

主反应:$CH_3COOH + n-C_4H_9OH \underset{}{\overset{H^+}{\rlap{\raisebox{2pt}{$\longrightarrow$}}\raisebox{-2pt}{$\longleftarrow$}}} CH_3COOC_4H_9 + H_2O$

副反应:$2CH_3CH_2CH_2CH_2OH \overset{H^+}{\longrightarrow} C_4H_9OC_4H_9 + H_2O$

$CH_3CH_2CH_2CH_2OH \overset{H^+}{\longrightarrow} CH_3CH=CHCH_3 \uparrow + H_2O$

（1）本实验利用反应体系本身生成共沸混合物这一点，采用了分水器，将生成的水从反应体系中分离出来，促使平衡右移。

（2）本实验利用洗涤除去没反应的乙酸、部分醇和水溶性杂质。

（3）本实验用干燥剂无水硫酸镁去掉洗涤后体系中存在的少量水分。

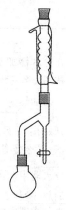

3. 主要仪器装置

实验中乙酸正丁酯制备装置如图 1-2 所示。

图 1-2　乙酸正丁酯制备装置

4. 物理常数

名称	相对分子质量	沸点/℃	熔点/℃	相对密度 d_4^{20}	折光率 n_D^{20}	溶解度/(g/100ml 溶剂)
正丁醇	74.12	−89.53	117.25	0.8098	1.3993	8
冰乙酸	60.5	16.5	117.9	1.0492	1.3716	溶
硫酸	98.08	10.49	338	1.8498		溶
乙酸正丁酯酯	116.6	−73.5	126.1	0.8825	1.3941	微

5. 实验步骤流程图

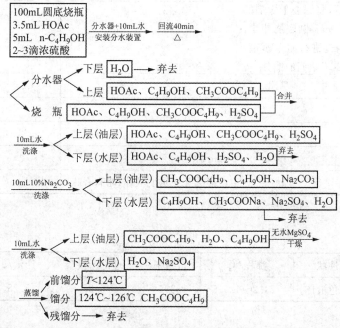

6. 实验步骤与现象

时间	步骤	现象	备注
8：30	在反应瓶中加入 5mL 正丁醇，3.5mL 冰乙酸，边摇边滴加 1 滴浓硫酸，加入 2 粒沸石	加入浓硫酸后反应液略带黄色	浓硫酸加入后使部分反应物碳化，使其带有颜色

（续表）

时间	步骤	现象	备注
8：40	在分水器加水至 10mL 刻度处，按图 1-2 安装实验装置		
8：44	开始加热		
8：50	开始出现回流，控制回流速度（蒸气冷凝圈不超过第一个球）	分水器中液面不断上升，且分为上下两层	由于水与产物和反应物不互溶，而且水的密度大，而使水珠通过有机层落入水层
9：20	分水器中油水分界面不动，停止加热，冷却	分出水 1.9mL 分液漏斗中混合液呈上下两层	
9：30	将分水器中的水层去掉，油层和反应液一起倒入分液漏斗中，加入 10mL 水洗涤，分去水层		
9：42	用 10mL 10% 碳酸钠水溶液洗涤，分去水层	用 10mL 10% 碳酸钠水溶液洗涤后，有气泡产生	
9：55	用 10mL 水洗涤，分去水层		
10：12	将有机层倒入一个干燥，干净的锥形瓶中，加入少量无水硫酸镁进行干燥，约 10min	加入干燥剂约 0.2g，无明显悬浮固体、干燥剂结块，又加入 0.2g，可见悬浮干燥剂存在。静止约 10min，溶液澄清	有悬浮干燥剂存在，说明干燥剂用量已够
10：10	安装蒸馏装置，将滤去干燥剂的粗产品加入 25mL 圆底烧瓶中，加入 2 粒沸石，进行简单蒸馏，收集 124～126℃ 之间的馏分		
10：15	开始加热		
10：23	有馏分流出	122.5℃	
10：25	换瓶	124.2℃	
10：40	蒸馏结束	125.6℃	
10：50	称重，测折光率	产品为无色透明液体，略有香味	

7. 实验结果

名称	性状	沸程/℃	折射率	理论产量/g	产量/g	产率/%
乙酸正丁酯	无色液体	124.2～125.6	1.3944	6.27	5.25	84

$$产率 = (5.25/6.27) \times 100\% = 84\%$$

8. 回答问题与讨论

提示：可根据实验原理讨论提高收率的途径；根据实验过程对实验操作提出改进；通过对本次实验的理解和体会进行总结和讨论，强调实验的关键之处。

1.4　有机化学实验常用仪器和设备

有机化学实验中常用到玻璃仪器及实验装置,熟悉这些仪器、装置及使用维护方法非常重要。

1.4.1　玻璃仪器

1) 玻璃仪器的分类

玻璃仪器一般分为普通和标准磨口两种:

(1) 目前实验室常用的普通玻璃仪器有非磨口锥形瓶、烧杯、布氏漏斗、吸滤瓶、普通漏斗、分液漏斗等,见图 1-3。

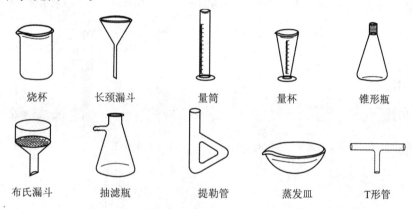

图 1-3　常用普通玻璃仪器

(2) 常用的标准磨口仪器有圆底烧瓶及多口圆底烧瓶、梨形烧瓶、蒸馏头、弯头、大小管接头、冷凝管、接收器、滴液漏斗等,具体形状及名称见图 1-4。

标准磨口仪器根据磨口口径大小分为 10,14,19,24,29,34,40,50 等型号。相同编号的子口与母口可以连接。当用不同编号的子口与母口连接时,中间可以加一个大小接头。当使用 14/30 这种型号时,表明仪器的口径为 14mm,磨口长度为 30mm。实验室使用的常量仪器一般是 19 号的磨口仪器,半微量实验中采用的是 14 号的磨口仪器,微量实验中采用的是 10 号的磨口仪器。根据使用需求,还有更小规格的微型玻璃仪器,用于微型实验中。

与普通玻璃仪器相比,标准磨口仪器耐高温及耐腐蚀性好,因而要贵得多,但因其使用方便而得以广泛应用。

2) 玻璃仪器的用途

在有机化学实验中,安装好实验装置是做好实验的保证。有机化学实验的各种反应装置是由一件件玻璃仪器组装而成的,因此使用前首先应了解各种玻璃仪器的用途及选用原则。表 1-1 列举了常用玻璃仪器的用途及相关说明。

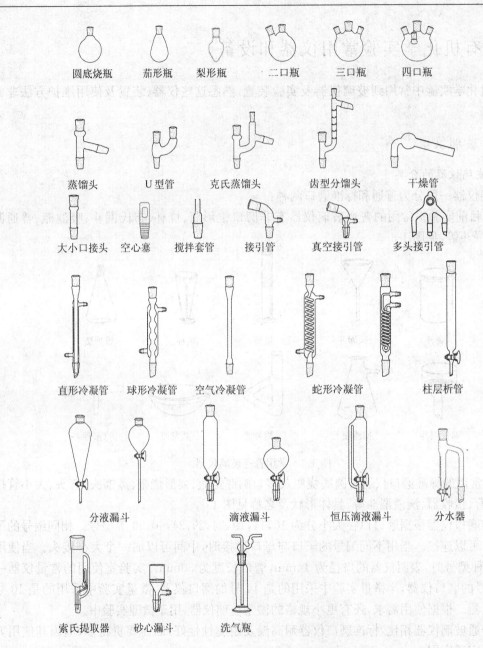

图 1-4　常用标准口玻璃仪器

表 1-1　有机化学实验常用仪器的应用范围及选用原则

仪器名称	应用范围	选用原则
圆底烧瓶(分单口和多口烧瓶,常用的是三口烧瓶,也有二口及四口烧瓶)	用于反应、回流加热及蒸馏,多口烧瓶的口上可分别安装电动搅拌器、回流冷凝管及温度计、滴液漏斗等	根据特殊需要还可有平底烧瓶,大小规格的选用根据液体的体积而定,一般液体的体积占容器体积的1/3~1/2,水蒸气蒸馏时,液体体积应不超过烧瓶容积的1/3

（续表）

仪器名称	应用范围	选用原则
冷凝管（分球形冷凝管，直形冷凝管 空气冷凝管三种）	用于蒸馏及回流	一般情况下回流用球形冷凝管，蒸馏用直形冷凝管。当蒸馏温度超过140℃时，应改为空气冷凝管，以防温差较大时，由于仪器受热不均匀而造成冷凝管破裂
蒸馏头	与圆底烧瓶组装后用于蒸馏	
接引管（有单头和多头接引管）	用于常压蒸馏及减压蒸馏	减压蒸馏时，一般要用真空多头蒸馏头
分馏柱	用于分馏多组分混合物	根据分离的量、速度和难易程度可选择不同长度和口径的分馏柱
温度计（实验室一般备有150℃和300℃两种）	用于测量反应的温度和体系温度	根据所测温度可选用不同的温度计。一般选用的温度计量程要高于被测温度 10～20℃
恒压滴液漏斗	用于反应体系内有压力使液体顺利滴加	
分液漏斗	用于溶液的萃取、洗涤及分离	磨口分液漏斗也可用于滴加液体
锥形瓶	用于储存液体，混合溶液及加热小量溶液	不能用于减压蒸馏
烧杯	用于加热、浓缩水溶液及溶液混合和转移	
吸滤瓶	用于减压过滤	不能直接火加热
布氏漏斗	用于减压过滤	
干燥管	装干燥剂，用于无水反应装置	

3）玻璃仪器的使用和保养

玻璃仪器使用时，如需要加热要用金属夹子固定、通过磨口间连接，同时玻璃仪器干净程度对反应进行的程度、产物的质量和产率影响严重，而且有些反应需在无水条件下或减压情况下进行，因此玻璃仪器的使用和保养非常重要。首先使用时应掌握使用方法并做好保养：

使用时要轻拿轻放。不能用火直接加热（试管除外），加热时应垫石棉网。不能用高温加热不耐热的玻璃仪器如吸滤瓶、普通漏斗、量筒等。

玻璃仪器使用完后，应及时清洗干净，特别是磨口仪器放置太久，容易粘结在一起，很难拆开（如果发生此情况，可用热风吹母口处，使其膨胀而脱落，还可用木槌轻轻敲打粘结处）。标准磨口仪器磨口处更要干净，不得粘有固体物质，若粘有固体物质可用去污粉擦洗，否则会导致磨口连接不紧密而漏气，同时会破坏磨口

玻璃仪器最好自然晾干。带旋塞或具塞的仪器清洗后，应在塞子和磨口接触处夹放纸片或涂抹凡士林，以防粘结。一般使用时磨口处无需涂润滑剂，以免玷污产物，但在反应中有强碱性物质时，则要涂润滑剂以防磨口连接处因碱腐蚀而粘结在一起。当减压蒸馏时，应在磨口连接处涂润滑剂，保证装置密封性好。

玻璃仪器的清洗方法非常关键，一般是把仪器和毛刷淋湿，用毛刷蘸取肥皂粉或洗涤剂，刷洗内外壁，除去污染物后，用清水洗涤干净。若要求洁净度较高时，可依次用洗涤剂、自来水、去离子水清洗。当仪器倒置器壁上不挂水珠时，可认为已清洗干净。

当需要无水条件下使用玻璃仪器时,需要干燥。玻璃仪器干燥的最简单方法是把仪器倒置,使水自然流下、晾干,也可将仪器放入烘箱或气流干燥器上烘干。若需要急用则倒尽仪器中的存水后,用少量 95% 的乙醇或丙酮荡涤,把溶剂倒入回收瓶中后用电吹风把仪器中残留的溶剂吹干。

安装仪器时,应将选好规格(注意:不能用平底烧瓶和锥形烧瓶减压蒸馏)的主要仪器位置确定,做到横平竖直,先下后上,先左后右(或先右后左),逐个将仪器边固定边组装,磨口连接处不应受到歪斜的应力,以免仪器破裂。拆卸的顺序则与组装相反。拆卸前,应先停止加热,移走加热源,待稍微冷却后,先取下产物,然后逐个拆掉。拆冷凝管时注意不要将水洒到电热套上或油浴中。

使用温度计时,要注意不要用冷水冲洗热的温度计,以免炸裂,尤其是水银球部位,应冷却至室温后再冲洗。不能用温度计搅拌液体或固体物质,以免碰碎或损坏。

1.4.2　金属工具

在有机化学实验中常用的金属器具有铁架台,烧瓶夹,冷凝管夹(又称万能夹)、铁圈、S扣、镊子、剪刀、锉刀、打孔器、不锈钢小勺等。这些仪器应放在实验室规定的地方。要保持这些器具的清洁,经常在活动部位加上润滑剂,以保持活动灵活不生锈。

1.4.3　常用实验设备

常用实验设备如图 1-5 所示。

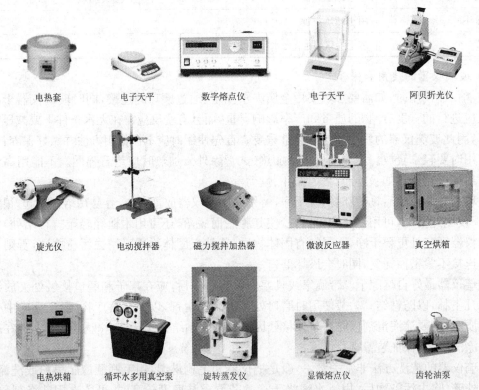

电热套　　　电子天平　　　数字熔点仪　　　电子天平　　　阿贝折光仪

旋光仪　　　电动搅拌器　　　磁力搅拌加热器　　　微波反应器　　　真空烘箱

电热烘箱　　　循环水多用真空泵　　　旋转蒸发仪　　　显微熔点仪　　　齿轮油泵

图 1-5　常用实验设备

1.4.4　常用有机化学实验装置

在有机化学实验中,安装好实验装置是做好实验的保证。有机化学实验的各种反应装置是由一件件玻璃仪器组装而成的。常用的有机实验装置如图 1-6 所示。

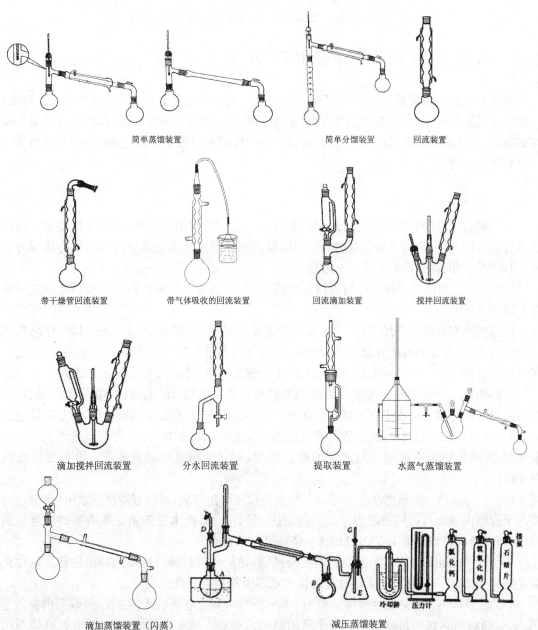

简单蒸馏装置　　　　简单分馏装置　　回流装置

带干燥管回流装置　　带气体吸收的回流装置　　回流滴加装置　　搅拌回流装置

滴加搅拌回流装置　　分水回流装置　　提取装置　　水蒸气蒸馏装置

滴加蒸馏装置（闪蒸）　　　　　减压蒸馏装置

图 1-6　常用实验装置图

各种装置应根据要求选择合适的仪器。一般选择仪器的原则如下:

(1) 烧瓶的选择　根据液体的体积而定,一般液体的体积占容器体积的 1/3～1/2,水蒸气蒸馏时,液体体积应不超过烧瓶容积的 1/3。

（2）冷凝管的选择　一般情况下回流用球形冷凝管，蒸馏用直形冷凝管。但当蒸馏温度超过 140℃时，应改为空气冷凝管，以防温差较大时，由于仪器受热不均匀而造成冷凝管破裂。

（3）温度计的选择　实验室一般备有 150℃和 300℃两种温度计，根据所测温度可选用不同的温度计。一般选用的温度计量程要高于被测温度 10～20℃。

以上介绍了部分反应装置，还有一些提纯装置将在有关章节中介绍。

1.5　有机化学实验的加热和冷却

有些有机反应在室温下进行得很慢或难以进行，加热能使反应温度升高而加快反应速度，一般反应温度升高 10℃，反应速度增加一倍；相反冷却会使反应速度减缓，同时在许多基本操作如蒸馏、重结晶等也都要加热、冷却。所以加热和冷却的方法在有机化学实验中是十分普通又是非常重要的。

1.5.1　加热

有机实验中常用的加热器有：酒精灯、煤气灯、电热套、封闭式电炉、微波加热器等。玻璃仪器若直接加热，则会由于局部过热而引起破裂，同时，局部过热也会引起有机化合物部分分解，因此需选用间接加热的方式——浴热。

（1）空气浴加热　这种方法利用热空气间接加热，实验室中常用的有石棉网上加热和电热套加热。

把容器放在石棉网上加热，要求容器不能紧贴石棉网，要留 0.5～1.0cm 间隙，使之形成一个空气浴，这样加热可使容器受热面增大，但加热仍不很均匀。加热温度在 80～250℃之间可以选用这种方法。但这种加热方法不能用于回流低沸点、易燃的液体或减压蒸馏。

电热套是一种较好的空气浴，它是由玻璃纤维包裹着电热丝织成碗状半圆形的加热器，有控温装置可调节温度。由于它不是明火加热，因此可以加热和蒸馏易燃有机物，但是蒸馏过程中，随着容器内物质的减少，会使容器壁过热而引起蒸馏物的碳化，但只要选择适当大一些的电热套，在蒸馏时再不断调节电热套的高低位置，碳化问题是可以避免的。电热套可加热到 400℃。

（2）水浴加热　加热温度在 80℃以下，最好使用水浴加热，可将容器浸在水中（水的液面要高于容器内液面），但切勿使容器接触水浴底，调节火焰，把水温控制在所需的温度范围内.如果需要加热到接近 100℃，可用沸水浴或蒸汽浴加热。

与空气浴相比，水浴加热较均匀，温度易控制，适应于较低沸点物质的回流加热。若加热温度稍高于 100℃，则可采用无机盐类的饱和水溶液作热浴介质。

（3）油浴加热　加热温度范围一般为 100～250℃，其优点是温度容易控制，容器内物质受热均匀，油浴所达到的最高温度取决于所用油的品种。实验室中常用油有植物油、液体石蜡等。植物油如豆油、棉籽油、菜油和蓖麻油等，加热温度一般为 200～220℃。为防止植物油在高温下分解，常可加入 1％对苯二酚等抗氧剂，以增加其热稳定性。药用液体石蜡能加热到 220℃，温度再高并不分解，但较易燃烧。这是实验室中最常用的油浴。硅油可加热到 250℃以上，比较稳定，但价格较贵。真空油也可加热到 250℃以上，也比较稳定，价格较贵。油浴在加热时，要注意安全、防止着火，发现油浴严重冒烟，应立即停止加热。油浴中要放温度计，以便调节火焰控制温度,防止温度过高。油浴中油量不能过多,并防止其中溅入水滴。

(4)沙浴　要求加热温度过高时,可采取沙浴加热,沙浴可加热到 350 ℃。一般将干燥的细沙平铺在铁盘中,把容器半埋入沙中(底部的沙层要薄一些)。在铁盘中加热,因沙导热效果较差,温度分布不均匀,所以沙浴的温度计水银球要靠近反应器。由于沙浴温度不易控制,故在实验中使用较少。

(5)微波加热　微波加热技术具有快速、简单、高效和均匀等特点,反应速度可提高 1～2 个数量级。一般适应反应时间长、条件温和的反应。对气体反应和纳米粒子的合成有特殊的作用。

1.5.2　冷却

有机实验中有些反应非常激烈,常常放出大量热使反应难以控制或生成的产物在常温下易分解,如果控制不当,不仅会引起副反应,还会使反应物蒸发,甚至会发生冲料和爆炸事故,要把反应温度控制在一定的范围内,就要进行适当的冷却。有时为了降低溶质在溶剂中的溶解度或加速结晶析出,也要采用冷却的方法。根据不同的要求,可选用合适的冷却方法。

(1)水冷却　用水作冷却剂,通过冷水在容器外壁流动,或把反应器浸在水中,交换走热量。这种方法只能使体系冷却到室温。

(2)冰水冷却　用水和碎冰的混合物作冷却剂,其冷却效果比单用冰块好。如果水不妨碍反应进行时,也可把碎冰直接投入反应器中,以便有效地保持低温。

(3)冰盐冷却　要在 0℃ 以下进行反应时,常用按不同比例混合的碎冰和某些无机盐作为制冷剂,表 1-2。冰盐浴的制作是把细盐包在碎冰块(片)上,在使用过程中要不断地搅拌。

表 1-2　冰盐冷却剂

盐类分子	100 份碎冰中加入盐的量/g	达到的最低温度/℃
NH_4Cl	25	−15
$NaNO_3$	50	−18
$NaCl$	33	−21
$CaCl_2 \cdot 6H_2O$	100	−29
$CaCl_2 \cdot 6H_2O$	143	−55

(4)干冰或干冰与有机溶剂混合冷却　干冰(固体二氧化碳)和乙醇、异丙醇、丙酮、乙醚或氯仿混合,可冷却到 −50～−70℃。为保持冷却效果,一般将这种冷却剂放在广口瓶中或其他绝热效果好的容器中,瓶口用布或铝箔覆盖,以降低其挥发速度。

(5)低温浴槽　低温浴槽是一个小冰箱,冰室口朝上,蒸发面用桶状不锈钢槽代替,内装酒精。外设压缩机,循环氟里昂制冷。反应瓶浸在酒精液体中。适于 −20～30 ℃ 范围的使用。

(6)液氮冷却　液氮可冷却到 −188℃,一般在科研中应用。

值得注意的是,当温度低于 −38℃ 时,由于水银会凝固,因此不能用水银温度计。对于较低的温度,应采用加少许颜料的有机溶剂(酒精、甲苯、正戊烷等)温度计。

1.6　干燥和干燥剂

在有机化学实验中干燥是除去固体、液体或气体中少量水分或少量有机溶剂的方法。如在进行有机波谱分析、定性或定量分析以及物理常数测定时,往往需要预先干燥,否则测定结果不正确。液体有机物在蒸馏之前也需要干燥,否则沸点前馏分较多,产物损失,甚至沸点不准;由于水与有机物形成共沸物或由于少量水与有机物在加热条件下可能会产生反应而影响产物的纯度;另外许多有机反应需要在无水条件下进行;通过有机合成操作制得的产品,也需经过干燥后才能得到合格的产品。因此,溶剂、原料和仪器等均需要干燥。可见,在有机化学实验中试剂、仪器、产品的干燥是非常普遍又十分重要的。

1.6.1　基本原理

干燥方法可分为物理方法和化学方法两种:

1) 物理方法

物理方法中有烘干(加热干燥、真空干燥、微波干燥)、吸附、分馏、共沸蒸馏和冷冻等。近年来,也常用多孔性离子交换树脂和分子筛脱水。

离子交换树脂是一种不溶于水、酸、碱和有机溶剂的高分子聚合物。分子筛是含水硅铝酸盐的结晶。它们都是固体,利用晶体内部的孔穴吸附水分子,而一旦加热到一定的温度时又释放出水分子,故可重复使用。

2) 化学方法

化学方法是通过水与干燥剂发生可逆或不可逆反应来除水。作用原理如下:

(1) 与水可逆地结合成水合物,例如:氯化钙、硫酸镁、硫酸钠等。

$$CaCl_2 + nH_2O \rightleftharpoons CaCl_2 \cdot nH_2O$$

(2) 与水发生不可逆的化学反应,生成新的化合物,例如:金属钠、五氧化二磷、氧化钙等。

$$CaO + 2H_2O \longrightarrow Ca(OH)_2$$

1.6.2　液体有机化合物的干燥

液体有机物的干燥,主要是除去液体中少量的水分。常用的干燥方法如下:

1) 形成共沸混合物去水

利用某些有机化合物与水能形成共沸混合物的特性,在待干燥的有机物中加入共沸混合物组成中某一有机物。因共沸混合物的沸点通常低于待干燥有机物的沸点,因此蒸馏时可将水带出,达到干燥的目的。

2) 使用干燥剂干燥

这种方法是将干燥剂直接加入有机物中,作用后将干燥剂滤去。但必须选择好干燥剂。

(1) 干燥剂的选择　干燥剂的选择必须考虑到:与被干燥有机物不发生化学反应;不能溶解于该有机物中;吸水量大、干燥速度快、价格低廉。表 1-3 列出了各类有机物常用的干燥剂。

表 1-3　常用干燥剂及适应范围

化合物类型	干燥剂
烃	$CaCl_2$、Na、P_2O_5
卤代烃	$CaCl_2$、$MgSO_4$、Na_2SO_4、P_2O_5
醇	K_2CO_3、$MgSO_4$、CaO、Na_2SO_4
醚	$CaCl_2$、Na、P_2O_5
醛	$MgSO_4$、Na_2SO_4
酮	K_2CO_3、$CaCl_2$、$MgSO_4$、Na_2SO_4
酸、酚	$MgSO_4$、Na_2SO_4
酯	$MgSO_4$、Na_2SO_4、K_2CO_3
胺	KOH、$NaOH$、K_2CO_3、CaO
硝基化合物	$CaCl_2$、$MgSO_4$、Na_2SO_4

干燥剂选择时还必须注意不适应性：$CaCl_2$ 不能用于干燥醇、酚、氨、胺、酯、酸、氨基酸、酰胺、某些醛等；K_2CO_3 不适应于酚、酸等酸性物质；$KOH(NaOH)$ 不适应于醇、酚、酯、醛、酮、酸及其他酸性化合物；Na 与氯代烃相遇有爆炸危险，不能用于醇及其他有反应之物，不能用于干燥器中；P_2O_5 不能用于干燥醇、酸、胺、酮、醚 HCl、HF 等化合物；高氯酸镁不能用于干燥易氧化的有机液体，因产生过氯酸易爆炸；分子筛（硅酸钠铝和硅酸钙铝）不能用于干燥不饱和烃。

（2）干燥剂的吸水容量和干燥效能　干燥效能是指达到平衡时液体被干燥的程度。对于形成水合物的无机盐干燥剂，常用吸水后结晶水的蒸气压来表示干燥剂效能，干燥剂的吸水量是指单位质量干燥剂所吸水的量。如硫酸钠形成 10 个结晶水，在 25℃时蒸气压为 260Pa，吸水容量为 1.25；氯化钙最多能形成 6 个水的水合物，在 25℃时水蒸气压力为 39Pa 时其吸水容量为 0.97。因此，硫酸钠的吸水容量较大，但干燥效能弱；而氯化钙吸水容量较小，但干燥效能强。在干燥含水量较大而又不易干燥的化合物时常先用吸水容量较大的干燥剂除去大部分水分，再用干燥效能强的干燥剂进行干燥。表 1-4 列出了各类有机物常用的干燥剂吸水容量及干燥效能。

表 1-4　各类有机物常用干燥剂吸水容量及干燥效能

干燥剂	吸水作用	吸水容量	干燥效能	干燥速度	适用范围
氯化钙	$CaCl_2 \cdot nH_2O$ $n=1,2,4,6$	0.97 按 $CaCl_2 \cdot 6H_2O$ 计	中等	较快,但吸水后易在其表面覆盖液体,应放置较长时间	烃、烯烃、丙酮、醚和中性气体
氢氧化钠（钾）	溶于水		中等	快	强碱性,用于干燥胺、杂环等碱性化合物（氨、胺、醚、烃）
硫酸镁	$MgSO_4 \cdot nH_2O$ $n=1,2,4,5,6,7$	1.05 按 $MgSO_4 \cdot 7H_2O$ 计	较弱	较快	应用范围广,可代替 $CaCl_2$ 并可用以干燥酯、醛、酮、腈、酰胺等,并用于不能用 $CaCl_2$ 干燥的化合物

干燥剂	吸水作用	吸水容量	干燥效能	干燥速度	适用范围
硫酸钠	$Na_2SO_4 \cdot 10H_2O$	1.25	弱	缓慢	一般用于有机液体的初步干燥
硫酸钙	$CaSO_4 \cdot H_2O$	0.06	强	快	中性硫酸钙经常与硫酸钠配合，作最后干燥之用
碳酸钾	$K_2CO_3 \cdot 1/2H_2O$	0.2	较弱	慢	用于干燥醇、酮、酯、胺及杂环等碱性化合物，可代替 KOH 干燥胺类
金属钠	$Na+H_2O \rightarrow$ $1/2H_2 \uparrow +NaOH$		强	快	限于干燥醚、烃、叔胺中痕量水分
氧化钙（碱石灰，BaO 类）	$CaO + H_2O \rightarrow Ca(OH)_2$		强	较快	中性及碱性气体、胺、醇、乙醚
五氧化二磷	$2P_2O_5 + 3H_2O \rightarrow 2H_3PO_4$		强	快，吸水后表面被黏浆液覆盖，操作不便	适于干燥烃、卤代烃、腈等中的痕量水分，适于干燥中性或酸性气体
硫酸					中性及酸性气体（用于干燥器和洗气瓶中）
高氯酸镁			强		包括氯在内的气体（用于干燥器中）
硅胶					用于干燥器中
分子筛（硅酸钠铝和硅酸钙铝）	物理吸附	约 0.25	强	快	流动气体（温度可高于 100℃）有机溶剂等（用于干燥器中）、各类有机化合物

（3）干燥剂的用量　可根据水在溶液中溶解度和干燥剂的吸水量，算出干燥剂的最低用量，但干燥剂的实际用量是大大超过计算量的。实际操作中，主要是通过现场观察判断。

例如在 1-溴丁烷中加入无水氯化钙进行干燥，未加干燥剂之前，由于 1-溴丁烷中含有水。它不溶于水，溶液处于浑浊状态。当加入干燥剂之后，1-溴丁烷呈清澈透明状，这时则表明干燥合格。否则应补加适量干燥剂继续干燥。

例如无水氯化钙干燥乙醚时，无论乙醚中的水除净与否，乙醚总是呈透明状，如何判断干燥剂用量是否合适，则应看干燥剂的状态。加入干燥剂后，因其吸水变黏，粘在器壁上，摇动不易旋转，表明干燥剂用量不够，应适当补加无水氯化钙，直到新加的干燥剂不结块，不粘壁，干燥剂棱角分明,摇动时旋转并悬浮(尤其 $MaSO_4$ 等小晶粒干燥剂),表明所加干燥剂合适。

由于干燥剂还能吸附有机液体,将造成被干燥有机物的损失,故干燥剂用量应适中。应加入少量干燥剂后静置一段时间,观察用量不足时再补加。一般 100mL 样品需加入 $0.5\sim1g$ 干燥剂。

(4) 操作步骤　首先把被干燥液中水尽可能分净(不应有任何水层或悬浮水珠)。

然后把待干燥的液体放入锥形瓶中,取颗粒大小合适(如无水氯化钙,应为黄豆粒大小并不夹带粉末)的干燥剂,放入锥形瓶中,用塞子盖住瓶口,轻轻摇动,经常观察,判断干燥剂是否足量,静置(至少半小时,最好过夜)。

再把干燥好的液体滤入蒸馏烧瓶中,最后进行蒸馏。

总之,对于一个具体的干燥过程来说,需考虑的因素有:干燥剂种类、用量、效能、干燥时间。

1.6.3　固体有机化合物的干燥

干燥固体有机化合物,主要是除去残留在固体中的少量低沸点溶剂,如水、乙醚、乙醇、丙酮、苯等。由于固体有机物的挥发性比溶剂小,所以采用蒸发和吸附的方法来达到干燥的目的,常用干燥法如下:

(1) 晾干　这是最简单的干燥方法,将要干燥的固体物直接摊开放在表面皿上。对于热稳定性差、空气中不吸潮或吸附易燃易挥发液体的有机化合物适宜于该方法。

(2) 烘干　对于熔点较高、且不易燃的固体(且不含易燃溶剂)有机物,可用烘箱烘干,但应严格控制温度。常用的烘干方法有:①用恒温烘箱烘干或用恒温真空干燥箱烘干;②用红外灯干燥。

(3) 吸干　若遇难抽干溶剂时,把固体从布氏漏斗中转移到滤纸上,上下均放 $2\sim3$ 层滤纸,挤压,使溶剂被滤纸吸干。

(4) 干燥器干燥　常用的干燥器有:①普通干燥器;②真空干燥器;③真空恒温干燥器(干燥枪)。

1.6.4　气体的干燥

在有机实验中常用气体有 N_2、O_2、H_2、Cl_2、NH_3、CO_2,这些液体不管是储气钢瓶中导入还是临时制备使用时均需要求气体中含很少或几乎不含 CO_2、H_2O 等,因此就需要对上述气体进行干燥。不同性质的气体应选不同类型的干燥剂。干燥气体常用的干燥剂列于表 1-5 中。

表 1-5　用于气体干燥的常用干燥剂

干燥剂	可干燥的气体
CaO、碱石灰、NaOH、KOH	NH_3 类
无水 $CaCl_2$	H_2、HCl、CO_2、CO、SO_2、N_2、O_2、低级烷烃、醚、烯烃、卤代烃
P_2O_5	H_2、O_2、CO_2、SO_2、N_2、烷烃、乙烯
浓 H_2SO_4	H_2、N_2、CO_2、Cl_2、HCl、烷烃
$CaBr_2$、$ZnBr_2$	HBr

干燥气体常用仪器有干燥管、干燥塔、U 型管、各种洗气瓶(用来盛液体干燥剂)等。

1.7 有机化学实验常用工具书和参考书

在进行有机化学实验之前必须要了解反应和产物的物理常数及预测可能发生的副反应和副产物,这对指导反应和产物的分离都有重要的意义。因此学习和查阅辞典、手册和参考书也是有机化学实验的重要内容之一。

(1)《化工辞典》(第四版),王箴主编,由化学工业出版社于 2000 年出版。该辞典收集了化学、化工名词近万条,列出了物质分子式、结构式、基本的物理化学性质及相对度密、熔点、沸点、溶解度等数据,并有简要的制法和用途说明。书前有笔画顺序目录,书末有汉语拼音索引。这是一部综合性的化工工具书。

(2)《Dictionary of organic compounds》5th Ed. ,Heilbron,I. V. 1982 年。第 5 版共 7 卷,其中 2 卷索引。自第 4 版开始每年出版一次增补本。本辞典早期版本已有中译本,名为《汉译海氏有机化合物辞典》,1964 年科学出版社出版。

本书收集常见有机化合物近 30 000 条,连同衍生物在内约 60 000 条。内容包括化合物的组成、分子式、结构式、来源、物理常数、化学性质及衍生物等。并附有制备的主要文献资料。化合物按英文的字母顺序排列,这是一本有机化学领域权威性辞典。

(3)《The Merck Index》12th Ed,1996. 美国 Merck 公司出版。主要介绍有机化合物和药物,共收集了 10 000 余种化合物,每一个化合物除列出分子式、结构式、物理常数、化学性质和用途之外还提供了较新的制备文献。化合物按英文的字母顺序排列。书末附有分子式索引、交叉索引和主题索引。

(4)《Handbook of chemistry and physics》73 ed Ed 1992—1993. 主编 David R,Lide,ph. D,美国化学橡胶公司(The Chemical Rubber Co 简称 CRC)从 45 版开始由原上、下两册合并为一册。一册内容为 A—F6 个部分,而现在已扩充为 16 部分,其中以有机化合物物理常数为主,这部分列出了 15 000 余个化合物的名称、别名、分子式、相对分子质量、颜色、结晶状态、比旋光度、紫外吸收、熔点、沸点、密度、折光率和溶解度等物理常数及参考文献。化合物按英文名称的字母顺序排列。查阅方法可按英文名称及归类查阅,也可通过分子式索引查阅。

第2章 有机化学基础实验

2.1 有机化学实验基本操作

实验1 简单玻璃工操作

1. 实验目的

(1) 学习简单玻璃工操作。

(2) 掌握玻璃管的切割、玻璃弯管的制作和拉毛细管的方法。

2. 仪器与试剂

煤气灯、玻璃切割刀、玻璃管。

3. 实验操作步骤

1) 玻璃管的清洗和切割

(1) 玻璃管的清洗　首先应洗净和干燥需要加工的玻璃管。玻璃管内的灰尘可用水冲洗或用铬酸洗液浸泡,再用水洗净,经烘干后才能加工。

(2) 玻璃管的切割　对于直径为 5~10mm 的玻璃管,可用三棱锉进行切割。对较细的玻璃管,可用小砂轮切割。

切割方法:将玻璃管平放在实验台上,左手按住要截断处的左侧,右手用锉刀的棱在要截断的位置锉出一道凹痕。锉刀应该向一个方向锉,不要来回拉,锉痕应与玻璃管垂直,这样才能保证断后的玻璃管截面是平整的。然后,两手拇指顶住锉痕的背面,轻轻向前推,同时向两头拉,玻璃管就会在锉痕处平整地断开。如图 2-1 所示。也可在锉痕处稍涂点水,这样会大大降低玻璃强度,折断时更容易。

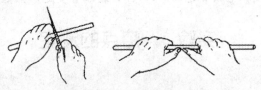

图 2-1　截断玻璃管

对较粗的玻璃管,或者需在玻璃管的近管端处进行截断的玻璃管,可利用玻璃管骤然受热或骤然遇冷易裂的性质,来使其断裂。

玻璃管的断面很锋利,容易把手划破,应将玻璃管的断面加热进行熔光。把截面斜插入煤气灯氧化焰中,缓慢转动玻璃管使熔烧均匀,直到圆滑为止。

2) 弯玻璃管

玻璃管受热变软后可以加工成实验所需的制品。

把玻璃管横(或呈一角度)在氧化焰上,边不断
转动玻璃管(玻璃管两端转动要同向同步)边加热,
当玻璃管被烧到刚发黄变软能弯时,离开火焰,弯
成一定角度(玻璃管受热弯曲时,管的一侧会收缩,
另一侧会伸长,管壁变薄。弯玻璃管时,若操之过
急或不得法,则弯曲处会出现瘪陷现象,还可能形

图 2-2　弯玻璃管

成角度不对或角的两边不在同一平面上,以及管径不匀等现象)。弯管时两手向上,玻璃管弯
成 V 字型。120°以上的角度可一次弯成。如图 2-2 所示。较小的角可分几次弯成:先弯成一
个较大的角,以后的加热和弯曲都要在前次加热部位稍偏左或偏右处进行,直到弯成所需要的
角度(不要把玻璃管烧得太软,能弯就弯,一次不要弯得角度太大)。

弯好的玻璃管,管径应是均匀的,角的两边在同一平面上,角度合乎要求。

加工完毕要及时退火(以防因骤冷在玻管内产生很大应力,导致玻璃断裂)。方法为将弯
好的玻璃管在火焰的弱火上加热一会儿,慢慢离开火焰,放在石棉网上冷却至室温。

3) 拉毛细管

选择直径 5~l0mm、壁稍厚、长 15~20cm 的玻璃管。如图 2-3 所示,双手持玻璃管,把玻
璃管中部斜放入氧化焰中,尽量增大玻璃管的受热面积,缓慢转动玻璃管。当玻璃管被烧到足
够红软时,离开火焰沿着水平方向边拉边旋转,趁热先拉成滴管粗细(玻管直径约 2~3mm),
然后将已拉细的部位再次放入氧化焰中,当玻璃管被烧到红软时,离开火焰拉成毛细管(管径
约 0.1mm),待中间部分冷却之后,放在石棉布上,以防烫坏实验台面。

图 2-3　拉玻璃管

讨论与思考

(1) 在弯制玻璃管或拉毛细管过程中,为什么玻璃管要边加热边均匀转动?

实验 2　熔点的测定

1. 实验目的

(1) 了解熔点测定的方法和意义。

(2) 掌握用齐列管测定熔点的方法。

2. 实验原理

　　晶体化合物的固液两态在大气压力下成平衡时的温度称为该化合物的熔点。

　　严格地说,熔点是指在大气压下化合物的固—液两相平衡时的温度。通常纯的有机化合物都具有确定的熔点,而固体从开始熔化(始熔)至完全熔化(全熔)的温度范围称熔距或熔程,且一般不超过 $0.5 \sim 1$℃。当化合物含有杂质时,其熔点下降,熔距变宽。因此,通过测定熔点不仅可以鉴别不同的有机化合物,而且还可以判断有机化合物的纯度,同时还能鉴定熔点相同的两种化合物是否为同一化合物,即将它们混合后测熔点,如果熔点不变,熔距也没有变宽,说明它们是同一化合物;若熔点下降,熔距变宽,则为不同化合物。

　　熔点是固体有机化合物的物理常数之一。但对于受热易分解的化合物,即使纯度很高,也无确定的熔点,且熔距较宽。

3. 仪器与试剂

　　1) 仪器

　　齐列管;熔点管;温度计;软木塞;乳胶管;表面皿;熔点管。

　　2) 试剂

　　液体石蜡油;苯甲酸;未知物。

4. 常用熔点测定方法

　　1) 微量毛细管测定法

　　(1) Thiele 管法　　Thiele(齐列)熔点测定管的装置如图 2-4。该装置熔点测定简单,使用方便,测定速度快。但加热不够均匀,所测熔点的温度范围大,准确性稍差。装置中所配的塞子最好是软木塞,因为软木塞的耐热性好,而橡皮塞在高温下易变黏。在软木塞上一定要有一通气孔,因加热时,仪器内的空气膨胀,如无通气孔,内部压力太大时易造成事故。

　　(2) 数字熔点仪　以 WRS—1 数字熔点测定仪为例,如图 2-5。该熔点仪采用光电检测、数字温度显示等技术,具有初熔、终熔自动显示,可与记录仪联用,具有熔化曲线自动记录等功能。

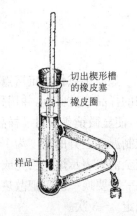

图 2-4　Thiele 管测熔点的装置

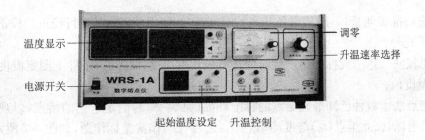

图 2-5　数字熔点仪

　　本机采用集成化的电子线路,能快速达到设定的起始温度,并具有 6 档可供选择的线性升、降温速度自动控制,初熔、始熔读数可自动贮存,具有无需人工监控的功能等优点。仪器采用 Thiele 管法相似的毛细管作为样品管。

　　操作方法:开启电源开关,稳定 20min 后,通过拨盘设定起始温度,再按起始温度按钮,输入此温度,此时预置灯亮。选择升温速度,把波段开关旋至所需位置。当预置灯熄灭时,可插入装有样品的毛细管(装填方法同 Thiele 管法),此时初熔灯也熄灭。把电表调至零,按升温钮,数分钟后,初熔灯先亮,然后出现终熔读数显示,欲知初熔读数可按初熔钮。待记录好初、终熔温度后,按一下降温按钮,使降至室温,最后切断电源。

　　(3)显微熔点仪　显微熔点测定仪如图 2-6 所示,其测熔点的优点是:测微量样品的熔点;也可测高熔点的样品;又可观察样品在熔化过程中的变化(如结晶的失水、多晶的变化及分解)情况。

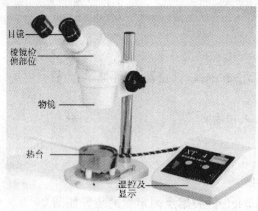

图 2-6　X4-型显微熔点(表显)仪

　　显微熔点仪测定熔点的操作方法很简便,取一片洁净干燥的载玻片,将微量经过烘干、研细的样品放在其上,并用另一玻片覆盖住样品,放在加热台上,盖上圆玻璃盖板,调节物镜和目镜,使显微镜焦点对准样品,开启加热器,先快速后慢速加热,温度升至低于熔点 5～10℃时,控制温度上升的速度为 1～2℃/min,当样品结晶棱角开始变圆时,表示熔化已开始,结晶形状完全消失表示熔化已完成。测毕停止加热,稍冷,拿走圆玻璃盖板,用镊子取出载玻片(载玻片测一次要换一次),把散热厚铝片放在加热台上加速冷却以备重测或收存仪器。要求如此重复测定 2～3 次。

5. 温度计的校正

　　为了进行准确测量,一般从市场购来的温度计,在使用前需对其进行校正。校正温度计的方法有如下几种:

　　(1)比较法　选一支标准温度计与要进行校正的温度计在同一条件下测定温度。比较其所指示的温度值。

　　(2)定点法　数种已知准确熔点的标准样品(见表 2-1),测定它们的熔点,以观察到的熔点(t_2)为纵坐标,以此熔点(t_2)与准确熔点(t_1)之差(Δt)作横坐标作图,如图 2-7 所示,从图中求得校正后的正确温度误差值。

表 2-1　一些常见有机化合物的熔点

样品名称	熔点/℃	样品名称	熔点/℃
水	0	苯甲酸	122
对二氯苯	53	水杨酸	159
萘	80	D-甘露醇	168
乙酰苯胺	114	对苯二酚	173～174
对二硝基苯	174	马尿酸	188～189
邻苯二酚	105		

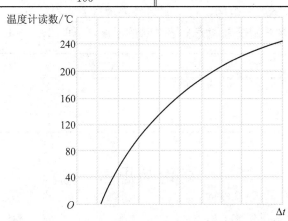

图 2-7　温度计刻度校正曲线

6. 实验操作步骤

本实验采用 Thiele 管微量法测定熔点。

1）已知样品——苯甲酸熔点的测定

将干燥的样品放在干燥、洁净的表面皿上,用空心塞研磨成粉末状,堆成小堆,然后将测熔点用的毛细管(外径 1～1.2mm,长度 70～75mm,一端封口)开口一端垂直插入样品中,再将毛细管开口端朝上,在桌面上墩几下,如此重复取试样数次,最后使毛细管从直立的 40～50cm 长的玻璃管中自由落至表面皿上,这样重复几次,使试样在毛细管中致密均匀,试样高度为 2～3mm。把装好试样的毛细管用一细橡皮圈套在温度计①上,毛细管应处于温度计的外侧,以便于观察,并使装样品部分正好处在水银球的中部。

在齐列熔点管中加入液体石蜡至支管口处,把上述温度计置于齐列熔点管中,并使温度计水银球的中点处在上下两支管口连线的中部,检查装置无误后②,开始加热,初始升温速度允许 10℃/min,以后减至 5℃/min,待温度升至离样品熔点约 10℃时,调小火焰,控制升温速度在约 1℃/min③,使温度缓慢而均匀地上升。并仔细观察试样的变化,记录下试样塌陷并有小滴液体出现时的温度(始熔)和试样全部熔融,透明时的温度(全熔),即为试样的熔距。为了准

---

① 测定溶点时,须用校正过的温度计。

② 装温度计和试样时,特别注意毛细管的上口不能浸入油浴的液面以下。毛细管的上口离液面要有相当的距离,以防止加热时液体膨胀而浸没毛细管的上口。一旦发现此情况,应停止加热,重做。

③ 升温越快,测得结果的准确程度越低。

确地测定熔点,加热的时候,特别是在加热到接近试样的熔点时,必须使温度上升的速度缓慢而均匀。

移去火焰,将温度计从齐列熔点测定管中取出,更换一根新装试样的毛细管①,待油温冷至试样熔点以下 30℃左右,再插入温度计,按同样方法再测一次。两次测得结果误差不超过0.5℃,否则还需测第三次。

2) 未知样品熔点的测定

共需测三次,一次粗测,两次精测。精测方法同上,粗测方法是控制升温速度在 5℃/min,目的是观察未知样的大概熔程范围。将所测结果记录在下列表格中。

记录熔点时,要记录开始熔融和完全熔融时的温度,例如 123.0～124.5℃。

测定次数	已知样熔距	未知样熔距
第一次		
第二次		
第三次		

讨论与思考

(1) 测定熔点有什么现实意义?

(2) 接近熔点时升温速度为何要放慢?快了对测定结果有何影响?

(3) 有 A、B、C 三种样品,其熔点范围都是 149～150℃,试用什么方法可判断它们是否为同一物质。

实验 3　重结晶

1. 实验目的

(1) 了解重结晶法提纯固态有机化合物的原理和意义。

(2) 掌握重结晶的基本操作方法。

2. 实验原理

重结晶是提纯固体有机化合物的方法之一。从有机反应物或天然有机化合物中要得到纯的固体有机化合物,往往要通过重结晶。重结晶提纯方法主要用于杂质含量少于产品质量5%的体系。

固体有机化合物在溶剂中的溶解度一般随温度的升高而增加、随温度的降低而减少。如果把固体有机物溶解在热的溶剂中制成热饱和溶液,冷却至室温或室温以下时,由于溶解度降低,原溶液变成过饱和溶液,有机物晶体又重新析出。

———————————

① 作第二次测定时,不可能使用第一次熔点时已经熔化再冷却固化的样品。因为有时某些物质会发生部分分解,有些会转变成具有不同熔点的其他结晶形式(即高温下凝结的液体)。

利用溶剂对被提纯物质和杂质的溶解度的不同,使被提纯物质从过饱和溶液中析出,而杂质在热滤时被除去或冷却后留在母液中,从而达到提纯的目的。

3. 重结晶基本操作

1) 选择溶剂

根据"相似相溶"原理,借助文献可以查出常用化合物在溶剂中的溶解度。重结晶的关键是选择合适的溶剂。

(1) 重结晶溶剂应具备的条件:

① 与被提纯的物质不起化学反应;

② 被提纯的物质在热溶剂中溶解度大,而在冷却时溶解度快速减小;

③ 杂质在溶剂中要么溶解度很大,冷、热时都不会随晶体析出,始终留在母液(溶剂)中,过滤时与母液一起除去;要么溶解度很小,即在热溶剂中不溶解,在热过滤时将其除去;

④ 溶剂易挥发,但沸点不宜过低,便于与结晶分离;

⑤ 选用价格低,毒性小、易回收、操作安全的溶剂;

(2) 重结晶溶剂的选择:如果从文献中找不出合适的溶剂,可通过实验选择。

选择溶剂的具体实验方法为:取 0.1g 的产物放入一支试管中,滴入 1mL 溶剂,振荡下观察产物是否溶解。若不加热就很快溶解,说明产物在此溶剂中溶解度太大,不适合作此产物重结晶的溶剂;若加热至沸腾仍不溶解,可补加溶剂,每次约加 0.5mL,并继续加热至沸腾,当溶剂总量达 4mL,加热至沸腾产物仍不溶,说明此溶剂也不适宜。如所选择的溶剂能在 1～4mL 溶剂沸腾的情况下能使产物全部溶解,并在冷却后能析出较多的晶体,说明此溶剂适合作此产物重结晶的溶剂。实验中应同时选用几种溶剂进行比较。表 2-2 给出了一些常用的重结晶溶剂。

表 2-2　常用的重结晶溶剂及性质

溶剂名称	沸点/℃	密度/(g/cm³)	溶剂名称	沸点/℃	密度/(g/cm³)
水	100.0	1.00	乙酸乙酯	77.1	0.90
甲醇	64.7	0.79	二氧六环	101.3	1.03
乙醇	78.0	0.79	二氯甲烷	40.8	1.34
丙酮	56.1	0.79	二氯乙烷	83.8	1.24
乙醚	34.6	0.71	三氯甲烷	61.2	1.49
石油醚	30～60 60～90	0.68～0.72	四氯化碳	76.8	1.58
环己烷	80.8	0.78	硝基甲烷	120.0	1.14
苯	80.1	0.88	甲乙酮	79.6	0.81
甲苯	110.6	0.87	乙腈	81.6	0.78

(3) 混合溶剂:重结晶选溶剂有时很难选择到一种较为理想的单一溶剂,这时应考虑选用混合溶剂。

混合溶剂一般由两种能以任意比例混合的溶剂组成。其中一种溶剂对产物的溶解度较大,称为良溶剂;另一种溶剂则对产物的溶解度很小,称为不良溶剂。操作时先将产物溶于沸腾或接近沸腾的良溶剂中,滤掉不溶杂质或经脱色后的活性炭,趁热在滤液中滴加不良溶剂,至滤液变混浊为止,再加热或滴加良溶剂,使滤液转变为清亮,放置冷却,使结晶全部析出。如果冷却后析出油状物,需要调整两溶剂的比例,再进行实验,或另换一对溶剂。有时也可将两种溶剂按比例预先混合好,再进行重结晶。

2) 操作方法

重结晶的操作过程为:饱和溶液的制备→脱色→热过滤→冷却结晶→抽滤→晶体的干燥。

(1) 饱和溶液的制备。把称量好的样品①放入烧杯、锥型瓶或圆底烧瓶中,加入比需要量稍少的选定溶剂,若溶剂易燃或有毒时,应装回馏冷凝器组成回馏冷凝装置。加入沸石,然后加热(根据溶剂的沸点和易燃性选择热浴)使溶液沸腾或接近沸腾,进行摇动,若试样还未完全溶解,再分次添加溶剂①,再加热至沸腾,直至完全溶解。溶剂用量必须从两方面考虑,既要防止溶剂过量造成溶质的损失,又要考虑到在后面饱和溶液热过滤时,因溶质的挥发、温度下降使溶液变成过饱和,造成过滤时在滤纸上析出结晶,从而影响收率。因此溶剂量一般比需要量多15%~20%。

(2) 脱色。粗产品中常有一些有色杂质不能被溶剂除去,因此,需要加脱色剂脱色。最常用的脱色剂是活性炭,加入的量根据杂质多少而定,用量一般是粗品质量的1%~5%,如果多加,产物会被活性炭吸附②。

具体方法:待上述热饱和溶液稍冷后,加入适量的活性炭摇动,使其均匀分散在溶液中。加热煮沸5~10min,立即趁热过滤。必须注意切勿把活性炭加到正在沸腾的溶液中,以免引起暴沸。

(3) 热过滤。热过滤的目的是除去活性炭及不溶性杂质。为了减少过滤过程中晶体的损失,操作时应做到:仪器热、溶液热、动作快。热过滤有两种方法,即常压过滤(重力过滤)和减压过滤(抽滤)。热过滤的装置如图2-8所示。

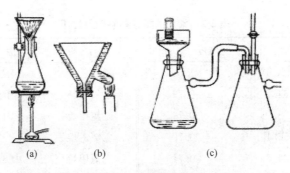

(a)　　　　　(b)　　　　　(c)

图2-8　过滤的装置图

普通漏斗也可以用铁圈架在铁架台上,下面用电热套保温。为了保证过滤速度快,经常采用折叠滤纸,滤纸的折叠方法如图2-9所示。

将滤纸对折,然后再对折成四份;将2与3对折成4,1与3对折成5,如图2-9(a)所示;2与5对折成6,1与4对折成7,如图2-9(b)所示;2与4对折成8,1与5对折成9,如图2-9(c)

①　重结晶主要用于提纯杂质含量小于5%的固化有机物,杂质过多会影响结晶的速度或妨碍结晶的生长。

②　活性炭是一种多孔性物质,可以吸附色素和树脂状杂质,但同时它也可以吸附产品,活性炭对水溶液脱色较好,对非极性溶剂脱色效果差。

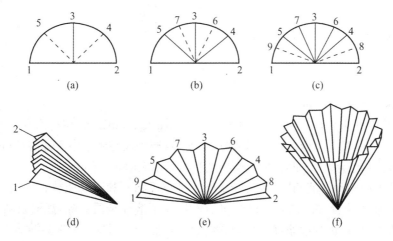

图 2-9　滤纸的折叠方法

所示。这时,折好的滤纸边全部向外,角全部向里,如图 2-9(d)所示;再将滤纸反方向折叠,相邻的两条边对折即可得到图 2-9(e)所示的形状;然后将图 2-9(f)所示中的 1 和 2 向相反的方向折叠一次,可以得到一个完好的折叠滤纸。在折叠过程中应注意,所有折叠方向要一致,滤纸中央圆心部位不要用力折,以免破裂。

热过滤时动作要快,以免液体或仪器冷却后,晶体过早地在漏斗中析出,如发生此现象,可用少量热溶剂洗涤,使晶体溶解进入到滤液中。如果晶体在漏斗中析出太多,应重新加热溶解再进行热过滤。减压热过滤的优点是过滤快,缺点是当用沸点低的溶剂时,因减压会使热溶剂蒸发或沸腾,导致溶液浓度变大,晶体过早析出。减压热过滤装置如图 2-8(c)所示。

抽滤时,滤纸的大小应与布氏漏底部恰好一样,先用热溶剂将滤纸润湿,抽真空使滤纸与漏斗底部贴紧。然后迅速将热溶液倒入布氏漏斗中,在液体抽干之前漏斗应始终保持有液体存在,此时,真空度不宜太低。

(4) 冷却结晶。冷却结晶是使产物重新形成晶体的过程,其目的是进一步与溶解在溶剂中的杂质分离。将上述热的饱和溶液冷却后,晶体可以析出。当冷却条件不同时,晶体析出的情况也不同。为了得到形状好、纯度高的晶体,应在室温下慢慢冷却至有固体出现,不宜剧烈摇动或搅拌。

(5) 抽滤-真空过滤。抽滤的目的是将留在溶剂(母液)中的可溶性杂质与晶体(产品)彻底分离。其优点是:过滤和洗涤速度快,固体与液体分离得比较完全,固体容易干燥。

抽滤装置采用减压过滤装置。具体操作与减压热过滤大致相同,所不同的是仪器和液体都应该是冷的,所收集的是固体而不是液体。

(6) 晶体的干燥。为了保证产品的纯度,需要将晶体进行干燥,把溶剂彻底去除。当使用的溶剂沸点比较低时,可在室温下使溶剂自然挥发达到干燥的目的。当使用的溶剂沸点比较高(如水)而产品又不易分解和升华时,可用红外灯烘干。当产品易吸水或吸水后易发生分解时,应用真空干燥器进行干燥。

4. 仪器与试剂

1) 仪器

烧杯;抽滤瓶;布氏漏斗;真空泵;搅拌棒;水浴锅。

2）试剂

苯甲酸,乙酰苯胺 ,15％乙醇－水溶液

5. 实验步骤

1）粗品苯甲酸的重结晶

称取 2g 苯甲酸粗品,放入 400mL 的烧杯中,先加入 100mL 水,在石棉网上进行加热。当接近沸腾时,如固体没有完全溶解,可补加适当水,直至固体在沸水中全部溶解;再加入15％～20％的过量水。待溶液稍冷却后,加入半匙活性炭,保持微沸约 5min。

在制备苯甲酸饱和溶液的同时,剪好滤纸并将布氏漏斗和吸滤瓶放在水浴锅中预热。安装好预热过的抽滤装置,进行趁热过滤,将活性炭和不溶性杂质去除,滤液自然冷却至室温。待晶体全部析出后,再进行抽滤,用玻璃塞挤压晶体、抽干。用少量水洗涤漏斗中的晶体,取出晶体放在表面皿中晾干或用红外灯烘干、称重、计算提纯率。

纯品苯甲酸的熔点为 122.4℃。

2）粗品乙酰苯胺的重结晶

称取 5g 乙酰苯胺粗品,放入 100mL 圆底烧瓶中,先加入 30mL15％的乙醇水溶液和 2～3 粒沸石。如图 2-10 安装水浴加热回流装置,通入冷却水,开始水浴加热。当出现回流,仍有固体未完全溶解时,可从冷凝管上口少量多次补加乙醇水溶液,直至在回流条件下,固体刚好完全溶解;再补加15％～20％的过量乙醇水溶液。移去水浴,待溶液稍冷后,取下烧瓶,加入半匙活性炭,继续回流 5～10min,然后用预热过的布氏滤斗进行趁热过滤,将活性炭和不溶性杂质去除,滤液自然冷却至室温。待晶体全部析出后,再进行抽滤,用少量水洗涤,取出晶体放在表面皿中自然晾干。

纯品乙酰苯胺的熔点为 114℃

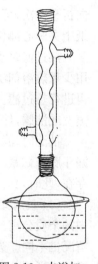

图 2-10　水浴加热回流装置

讨论与思考

（1）用活性炭脱色为什么要待固体物质完全溶解后才加入？为什么不能在溶解沸腾时加入活性炭？

（2）若将母液浓缩后所得到的晶体为什么比第一次得到的晶体纯度要差？

实验 4　升华

1. 概述及原理

1）概述

升华是固体化合物提纯的又一种手段。由于不是所有固体都具有升华性质,因此,它只适用于以下情况:①被提纯的固体化合物具有较高的蒸气压,在低于熔点时它就可以产生足够的蒸气,使固体不经过熔融状态直接变为气体,从而达到分离的目的。②固体化合物中杂质的蒸气压较低,有利于分离。升华的操作比重结晶要简便,纯化后产品的纯度较高。但是产品损失较大,时间较长,不适合大量产品的提纯。

2) 基本原理

升华是利用固体混合物的蒸气压或挥发度不同,将不纯净的固体化合物在熔点温度以下加热,利用产物蒸气压高、杂质蒸气压低的特点,使产物不经液体过程而直接气化,遇冷后固化,而杂质则不发生这个过程,达到分离固体混合物的目的。

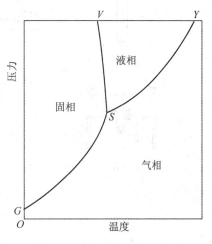

图 2-11　三相平衡图

一般来说,具有对称结构的非极性化合物,其电子云密度分布比较均匀,偶极矩较小,晶体内部静电引力小。因此,这种固体都具有蒸气压高的性质。为进一步说明问题,我们来考察图 2-11 所示的某物质的三相平衡图。图中的三条曲线将图分为三个区域,每个区域代表物质的一相。

由曲线上的点可读出两相平衡时的蒸气压。例如: GS 表示固相与气相平衡时固相的蒸气压曲线; SV 表示具有不同的液相与固相处于平衡时的温度与压力 S 点为三相平衡点。因此,不同的化合物三相点是不相同的。从图中我们可以看出,在三相点以下,物质处于气、固两相的状态。因此,升华都在三相点温度以下进行,即在固体的熔点以下进行。固体的熔点可以近似地看作是物质的三相点。与液体化合物的沸点相似,当固体化合物的蒸气压等于外界所施加给固体化合物表面压力相等时,该固体化合物开始升华,此时的温度为该固体化合物的升华点。在常压下不易升华的物质,可利用减压进行升华。

2. 仪器与试剂

1) 仪器

蒸发皿;玻璃漏斗;温度计;

2) 试剂

粗品水杨酸

3. 升华操作

升华操作可采用常压升华和减压升华两种方式。常用的常压升华装置如图 2-12 所示。图中(a)所示是实验室常用的常压升华装置。当升华量较大时,可用装置(b)分批进行升华。当需要通入空气或惰性气体进行升华时,可用装置(c)。

减压升华的装置如图 2-13 所示。将样品放入吸滤管(或瓶)中,在吸滤管中放入"指形冷凝器",接通冷凝水,抽气口与水泵连接好,开打水泵,关闭安全瓶上的放空阀,进行抽气[①]。将此装置放入电热套或水浴中加热,使固体在一定压力下进行升华。冷凝后的固体将凝聚在"指形冷凝器"的底部。

---

① 减压升华时,停止抽滤时一定要先打开安全瓶上的放空阀,再关泵。否则循环泵内的水会倒吸进入吸滤管中,造成实验失败。

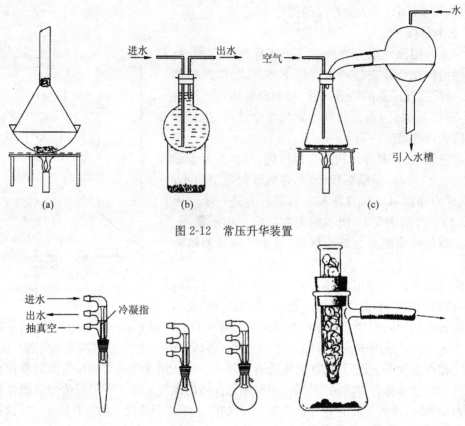

图 2-12　常压升华装置

图 2-13　减压升华装置

4. 实验步骤

本实验采用常压升华法提纯粗品水杨酸。

将被升华的粗品水杨酸①，称取 1g 样品放入蒸发皿中，铺匀。取一大小合适的锥形漏斗，将颈口处用少量棉花堵住，以免蒸气外逸，造成产品损失。选一张略大于漏斗底口的滤纸，在滤纸上扎一些小孔②后盖在蒸发皿上，用漏斗盖住。将蒸发皿放在铁圈上，用煤气灯进行空气浴加热，慢慢升华③。当蒸气开始通过滤纸上升至漏斗中时，可以看到滤纸和漏斗壁上有晶体出现，保温 45min。将产物用刮刀从滤纸上轻轻刮下，放在干净的表面皿上，称量，即得纯净产品。

讨论与思考

(1) 凡固体化合物是否都可用升华方法提纯？升华方法有何优缺点？

(2) 为什么进行升华操作时，加热温度一定要控制在被升华物熔点以下？

---

① 被升华的固体化合物一定要干燥，如有溶剂将会影响升华后固体的凝结。

② 滤纸上的孔应尽量大一些，以便蒸气上升时顺利通过滤纸，在滤纸的上面和漏斗中析出。

③ 用小火加热须留心观察，当发觉开始升华时，应小心调节火焰，使其慢慢升华。防止炭化或分解。

实验 5　简单蒸馏——正丁醇提纯

1. 实验目的

（1）了解蒸馏的基本原理和应用。

（2）初步掌握简单蒸馏装置的安装和蒸馏的基本操作方法。

2. 实验原理

蒸馏是将液态物质加热至沸腾,使之气化,然后将蒸气冷凝为液体的过程。这是分离和提纯液体有机化合物最常用的方法之一。

纯的液态物质在一定压力下具有确定的沸点,沸程一般为 $0.5\sim1$℃。因此可用蒸馏方法来测定物质的沸点和定性检验物质的纯度。但也应注意有些具有固定沸点的液态物质不一定都是纯的物质。因为某些有机化合物常常和其他组分形成具有一定沸点的二元或三元恒沸混合物。例如,乙醇和水能组成共沸混合物,它们的沸点是 78.2℃,其中含乙醇 95.6%,含水 4.4%。

如果蒸馏液体混合物,先蒸出的主要是低沸点组分,后蒸出的主要是高沸点组分,不挥发的则留在蒸馏瓶里。所以通过蒸馏可将易挥发的物质和不易挥发的物质分离开来。也可将沸点不同的液体混合物分离开来。但液体混合物各组分的沸点必须相差很大才能得到较好的分离效果。当两种待分离物质的沸点相差不到 30℃时,就需要采用分馏的方法。

3. 蒸馏装置和安装

实验室蒸馏装置主要由蒸馏液气化、冷凝和冷凝液收集三部分组成,常用的蒸馏装置如图 2-14 所示。普通蒸馏装置,气化部分是由圆底烧瓶、蒸馏头和温度计组成。选用蒸馏瓶的大小以待蒸液的体积占烧瓶体积的 $1/3\sim2/3$ 为宜。温度计水银球的上端应与蒸馏头侧管的下限在同一水平线上。蒸气通过直形冷凝管冷凝时,冷凝水应从下口进入、上口流出,以保证冷凝管夹层中充满水。若蒸馏液沸点高于 140℃时,应选用空气冷凝管(蒸馏液沸点高于 140℃以上时,若用水冷凝,在冷凝管接口处容易爆裂。蒸馏低沸点易燃、易吸潮的液体时,可在接引管的支口处连一干燥管,再从后者出口处接一根橡皮管通入水槽或室外。当室温较高时,可将接收器放在冰水浴中冷却)。冷凝液是通过接引管用接收瓶收集,当不用带支管的接引管时,接引管不能与接收瓶之间紧密连接,否则成为密闭系统,可导致爆炸。

蒸馏装置的安装:

首先将蒸馏烧瓶用铁夹夹在瓶颈上(夹子上要垫有橡皮或石棉)。根据热源及三脚架的高度,把蒸馏烧瓶固定在铁架台上,装上蒸馏头和温度计(注意温度计的位置),使冷凝管的中心线和蒸馏烧瓶上蒸馏头支管的中心线成一直线,移动冷凝管,使其与蒸馏头支管紧密连接,然后依此接上接引管和接收器。安装装置的顺序一般是从热源处开始,自下而上,由左向右(也可由右向左,由实验环境而定)。整个装置要求准确端正,从侧面观察整个仪器的轴线都应在同一平面内。所有铁夹和铁架都应整齐地放在仪器背部。

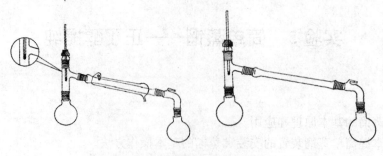

图 2-14　简单蒸馏装置

4. 仪器与试剂

1）仪器

圆底烧瓶；直形冷凝管；接引管；梨形瓶；蒸馏头；温度计；温度计套管。

2）试剂

工业正丁醇 30mL。

5. 实验步骤

取一只干净无水的 100mL 圆底烧瓶①，如图 2-14 安装一套简单蒸馏装置。安装完毕，检查装置是否正确，端正，各连接处是否严密。

取下烧瓶，加入 30mL 工业正丁醇及 1～2 粒沸石②。在冷凝管夹套中通入冷却水③，在石棉网上开始加热④。刚加热时，可以让火焰稍大些，当液体中有小汽泡产生，接近沸腾时，调节火焰，使温度慢慢上升，并注意观察液体气化情况。当液体沸腾时，可看到蒸气上升，同时液体开始回流；当蒸气达到温度计水银球部时，温度急剧上升，这时调小火焰，使水银球上液滴和蒸气温度达到平衡，然后再稍加大火焰进行蒸馏，注意控制火焰，使馏出液的速度约为每秒 1～2 滴为宜⑤。

在实验记录本上记录第一滴馏出液滴入接收器时的温度。当温度上升到 116℃时，换一个干净无水的锥形瓶作接受器，继续加热蒸馏，收集 116～118.5℃的馏分。当温度刚刚超过 118.5℃时，立即停止加热（如遇温度升不到该温度以上，当瓶内只剩下约 0.5mL 液体时，停止加热，不要将液体蒸干）。待仪器基本冷却后，关闭冷却水，按照安装仪器的相反次序拆除装置。用量筒分别量取 116℃以前的馏出液（称前馏分）。116～118.5℃馏出液（馏分）和瓶中剩

---

① 所用仪器应该干燥，因为水和正丁醇能形成共沸混合物，这样会增加前馏分，减少需要的馏分。

② 沸石的微孔中吸附着一些空气，加热时可成为液体的气化中心，以避免液体暴沸。一旦停止沸腾或中途停止蒸馏，则原有的沸石即行失效，必须在液体稍冷后再补加新沸石。如果已热至近沸腾时发现未加沸石，也必须冷却片刻，再行补加。否则会引起剧烈暴沸致使部分液体冲出瓶外，甚至可能造成着火事故。

③ 冷却水的流速以能保证蒸气充分冷凝为宜，通常只需保持缓缓的水流即可。

④ 热源的选择：沸点在 100℃以下的液体可用沸水浴或水蒸气浴；100℃以上者可用油浴（250℃以下）和沙浴（350℃以下）；再高者可直接用火焰加热，但必须在蒸馏瓶下置一石棉网，否则会由于加热不均匀造成局部过热而引起产品分解或烧瓶破裂。

⑤ 蒸馏时火焰不能太大，否则会使蒸气过热，水银球上液珠即会消失，此时温度计读数偏高。加热火焰也不能太小，否则会使水银球部不能充分被蒸气包围而使温度计读数偏低或不规则。

余的残留液。如残留液很少,可估计一下体积,记录下来。将记录数据填入下表:

组分	<116℃馏出液	116～118.5℃馏出液	残馏液
容积/mL			

讨论与思考

(1) 蒸馏时加沸石的作用是什么? 为什么不能将沸石加到近沸腾的液体中?

(2) 如何正确安装温度计? 安装的太高或太低有什么影响?

(3) 在什么情况下用空气冷凝管?

实验 6　分馏——乙醇和水混合物

1. 实验目的

(1) 了解分馏的基本原理和应用。

(2) 初步掌握分馏装置的安装和操作方法。

2. 分馏原理

蒸馏和分馏是分离提纯液体有机化合物的重要方法。然而,简单蒸馏主要用于分离两种或两种以上沸点相差较大的液体混合物(一般＞30℃),而分馏是分离和提纯沸点相差较小的液体混合物。从理论上来讲,只要对蒸馏出的馏出液经过反复多次的简单蒸馏,也可以达到分离的目的。但这样操作既繁琐,又费时浪费,而应用分馏则能克服这些缺点,提高分离效率。

分馏实际上是使沸腾的混合物蒸气通过分馏柱,在柱内进行多次的气化和冷凝:在柱内蒸气中高沸点组分被柱外冷空气冷凝变成液体,流回烧瓶中,使继续上升的蒸气中含低沸点组分相对增加。冷凝液在回流途中遇到上升的蒸气,两者之间进行热量和质量的交换,上升的蒸气中高沸点组分又被冷凝下来,放出热量使回流的冷凝液部分气化,低沸点组分又继续上升。在柱内如此反复地气化、冷凝就等于进行了多次的气液平衡,从而达到了多次蒸馏的效果。当分馏柱的效率足够高时,首先从柱顶上面出来的是纯度较高的低沸点组分,随着温度的升高,后来蒸出来的主要是高沸点的组分,留在蒸馏烧瓶中的是一些不易挥发的物质。

3. 简单分馏装置和安装

实验室常见的简单分馏柱如图 2-15(b)所示。分馏柱效率的高低与柱的长径比、填充物的种类及分馏柱的绝热性能等有关。简单的分馏装置见图 2-15(a)。

根据热源的高度将蒸馏烧瓶固定在铁架台的相应位置上,装上分馏柱,并在分馏柱的上端用铁夹固定,在分馏柱顶依此安装蒸馏头、温度计、冷凝管、接引管及接收器等,其它的安装原则和蒸馏装置相同。

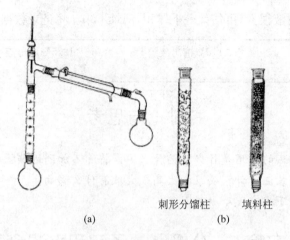

刺形分馏柱   填料柱

(a)   (b)

图 2-15 分馏装置图及分馏柱

4. 仪器与试剂

1) 仪器

圆底烧瓶;直形冷凝管;接引管;梨形瓶;蒸馏头;温度计;温度计套管;分馏柱

2) 试剂

60％乙醇—水溶液 100ml

5. 实验步骤

在 250mL 的圆底烧瓶中加入 60％乙醇①水溶液 100mL、2～3 粒沸石,装上刺形分馏柱,分馏柱上口插入温度计,使温度计水银球的上端与分馏柱侧管底边在同一水平线上,依次装上直形冷凝管,接引管和接收器。

冷凝管夹套内通入冷水,水浴加热②③,当液体开始沸腾后,调节火焰,使蒸气缓慢上升以保持分馏柱内有一个均匀的温度梯度,记录第一滴馏出液滴入接收器时的温度,并控制馏出液的速度约为 1 滴/1～2s。当蒸气温度达到 78℃,调换接收瓶,当蒸气温度发生持续下降时④即可停止加热。

用酒精密度计测定馏出液的质量分数。

记录馏出液的沸程范围、体积、质量分数及以及前馏分和残留液的体积。

馏分	前馏分	馏分	残馏液
体积/馏出温度			

① 由于乙醇是易燃物,易燃物不可用明火直接加热。乙醇沸点为 78℃,远低于水的沸点 100℃。故可用水浴加热。

② 分馏柱的蒸气(又称蒸气环)未上升到温度计水银球处时,温度上升得很慢(注意此时不能加热过猛),一旦蒸气环升到温度计水银球处时,温度迅速上升。

③ 若欲分离沸点相距很近的液体混合物时必须用精密分馏装置。

④ 当分馏将要结束时,由于乙醇蒸气断断续续上升,温度计水银球不能被乙醇蒸气包围,因此温度出现下降或波动。

讨论与思考

（1）蒸馏和分馏在原理及应用上有哪些异同？

（2）含水乙醇为何经反复分馏也得不到 100% 的乙醇？要得到 100% 乙醇可采用哪些方法？

实验 7　减压蒸馏

1. 实验目的

（1）了解减压蒸馏的基本原理和应用。

（2）初步掌握减压蒸馏装置的安装和操作方法。

（3）学会拉制毛细管。

2. 实验原理

液体的沸腾温度指的是液体的蒸气压与外压相等时的温度。外压降低时，其沸腾温度随之降低。在常压下进行的蒸馏称为简单蒸馏，它是分离和提纯液态有机化合物的常用方法。

但对于某些沸点较高的有机化合物，在加热还未达到沸点时往往已发生分解、氧化或聚合等反应，使其无法在常压下蒸馏。若将蒸馏装置与一套减压系统相连接，在蒸馏开始前先使整个系统压力降低到只有常压的十几分之一至几十分之一，使有机物的沸点下降，从而使蒸馏操作在较低的温度下进行，便可避免上述现象的发生。

减压蒸馏是分离、提纯液体或低熔点固体有机物的一种重要方法。

表 2-3 给出了部分有机化合物在不同压力下的沸点：

表 2-3　部分有机化合物在不同压力下的沸点

压力 /Pa(mmHg) ＼ 化合物 沸点/℃	水	氯苯	苯甲醛	水杨醛乙酯	甘油	蒽
101 325(760)	100	132	179	234	290	354
6 665(50)	38	54	95	139	104	225
3 999(30)	30	43	84	127	192	207
3 332(25)	26	39	79	124	188	201
2 666(20)	22	34.5	75	119	182	194
1 999(15)	17.5	29	69	113	175	186
1 333(10)	11	22	62	105	167	175
666(5)	1	10	50	95	156	159

一般的高沸点有机化合物当压力降低到 2.67kPa(20mmHg)时其沸点要比常压时低 100～120℃。获得沸点与蒸气压关系的方法：

(1) 查文献手册；

(2) 查压力-温度关系图 2-16。

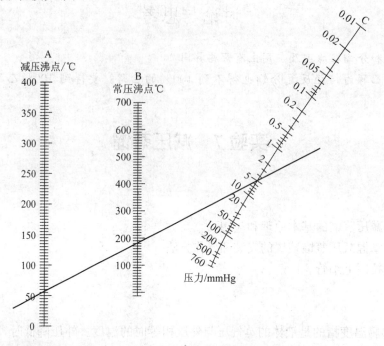

图 2-16　液体在常压、减压下的沸点近似图

高沸点物质的在减压下的沸点可通过图 2-16 沸点和压力的关系近似地推算出。图中线 A 表示减压下有机物的沸腾温度，线 B 表示有机物的正常沸点，线 C 表示系统的压力。

如乙酰乙酸乙酯在常压下的沸点为 180℃，欲找其在 0.67kPa 压力下的沸点，可在图 2-16 的 B 线找到相当于 180℃ 的点，将此点与 C 线上 0.67kPa(5mmHg)处的点连成一直线，延长此直线与 A 线相交，此交点即为乙酰乙酸乙酯在 0.67kPa 压力下的沸点。

若希望在安全温度下蒸馏一有机物，根据此温度及该有机物的正常沸点，也可以连一条直线交于右边的线 C 上，交点指出此操作必须达到的系统压力。

3. 减压蒸馏装置

如图 2-17 所示，减压蒸馏装置通常由四部分组成：抽气(减压)部分、蒸馏部分、安全保护系统部分和测压部分。

(1) 抽气部分　实验室通常用水泵或油泵进行减压。水泵(水循环泵)因其结构、水压和温度等因素，所能达到的真空度不高。油泵的效能决定于油泵的机械结构以及真空泵油的好坏，好的油泵能抽至真空度为 13.3Pa。油泵结构较精密，工作条件要求较严，因此应用较多，但蒸馏时，如果有挥发性的有机溶剂、水或酸的蒸气，都会损坏油泵及降低其真空度，使用时必须十分注意油泵的保护。

(2) 保护系统　保护系统由安全瓶、冷阱和吸收塔组成。安全瓶的作用是使减压系统中压力平稳，起缓冲的作用。冷阱一般放在广口保温瓶中，用冷却剂冷却(如冰—盐水)，目的是把减压系统中的低沸点有机溶剂充分冷凝下来，以保护油泵。吸收塔通常设两个或三个，吸收塔内的吸收剂的种类由蒸馏液体性质而定。一般由无水氯化钙，吸收水汽；粒状 NaOH，吸收

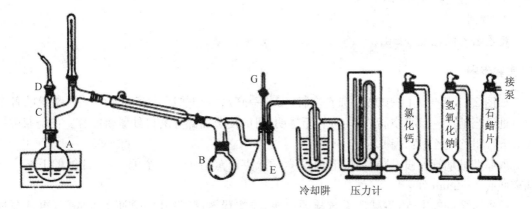

图 2-17　减压蒸馏装置

酸性气体；切片石腊，吸收烃类气体。

（3）测压部分　测量系统的压力常用水银压力计和数字式低真空测压仪。水银压力计又分为开口式水银压力计和封闭式水银压力计（见图 2-18）。

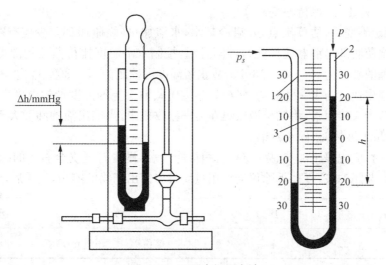

图 2-18　U 型水银压力计

（4）蒸馏部分　这部分与普通蒸馏相似，不同点为：

蒸馏头为克氏蒸馏头——克氏蒸馏头有两个颈，一颈中插入温度计，另一颈中插入一根距瓶底约 1～2mm 的毛细管。其目的是为了避免减压蒸馏时瓶内液体由于沸腾而冲入冷凝管中。毛细管的上端连有一段带螺旋夹的橡皮管，螺旋夹用以调节进入空气的量，使极少量的空气进入液体，呈微小气泡冒出，作为液体沸腾的气化中心，使蒸馏平稳进行，又起搅拌作用。

接引管改为多头接引管，多头接引管具有可供接抽气部分的小支管。蒸馏时，转动多头接引管，可在不中断蒸馏的条件下，使不同的馏分进入指定的接收器中。

4. 仪器与试剂

1）仪器

圆底烧瓶；直形冷凝管；多头接引管；克氏蒸馏头；烧杯；温度计；温度计套管；真空泵；U

型压力计;减压保护系统;

　　2)试剂

　　粗乙酰乙酸乙酯 30mL。

5. 实验步骤

　　如图 2-17 用干燥的 100mL 圆底烧瓶,安装一套水浴加热减压蒸馏装置。在装置的各个磨口处适当地涂一点真空脂,均匀旋转至透明,目的使蒸馏部分磨口处紧密配合。在烧瓶中加入 30mL 粗乙酰乙酸乙酯①。

　　取厚壁玻璃管一段,拉制一根毛细管②,插入克氏蒸馏头的一个侧口,毛细管的下端应伸到离瓶底 1～2mm 处③④。

　　检查装置的气密性:将减压系统接通电源,先按置零键,打开安全瓶上的阀门,再开泵抽气,关闭安全瓶上的阀门。此时,系统压力≤1.3kPa(系统压力=大气压-低真空测压仪读数);且应有连续平稳的微小气泡从毛细管中冒出,如无气泡,可能毛细管不通或阻塞,应予以更换;如气泡太大,则毛细管太粗,应更换或在毛细管上端装一段带螺旋夹的橡皮管,以调节空气的进入量(如系统压力过低,可小心地旋转安全瓶上的阀门,慢慢地引进少量空气,使系统达到所要求的压力范围,并保持不变)。

　　待压力稳定不变后,估算沸点,开启冷却水,水浴加热(烧瓶球部至少应有 2/3 浸入浴液中,但切勿使烧瓶底部与浴器底接触),逐渐升温,控制水浴温度比待蒸液的沸点高 10～15℃(乙酰乙酸乙酯的沸点为 67.3℃/1.3kPa,故水浴温度可控制为 75～80℃)。液体沸腾后,调节浴液温度,使馏出速度为 1～2 滴/s。仔细观察克氏蒸馏头上的温度计的温度变化,当温度恒定不变时,旋转多头接引管,将馏出液收集在另一接收瓶中,当馏出液的沸程大于 2℃时,或瓶内只剩下 1～2mL 液体时,停止蒸馏。

　　蒸馏结束时,应先停止加热,撤去热浴,稍待冷却后,慢慢打开安全瓶上的阀门,使系统渐渐恢复常压后,关闭油泵,逐一拆除仪器。用量筒量出馏出产物的容积,记录后,产物回收。

时间	压力/kPa	沸点	水浴温度
前馏份＿＿＿＿＿ mL		馏份＿＿＿＿＿ mL	

　　纯乙酰乙酸乙酯沸点 180.4℃/101.3kPa,d_4^{20} 1.0282,n_D^{20} 1.4194。

讨论与思考

　　(1)简述减压蒸馏的用途

---

　　①　待减压蒸馏的液体中若含有低沸组分,应先进行普通蒸馏,尽量把低沸物除去,以保护油泵。

　　②　毛细管的拉制按简单玻璃工操作毛细管的拉制方法。先拉成直径为 2mm 毛细管,冷却,再在火焰中烧红,离开火焰拉成如头发丝般的毛细管,很细的毛细管富有弹性不易折断。

　　③　在减压蒸馏时,如用加入沸石来防止暴沸,一般是无效的。如果使用带有电加热的电磁搅拌器,由于搅拌子在液体中不断旋转,则不会暴沸,可不装毛细管。

　　④　毛细管在这里主要起到沸腾中心和搅动作用,所以一定要插入液体中,并尽量接近烧瓶底部。

（2）开始减压蒸馏时，为什么要先抽气再加热？

实验 8　精密分馏

1. 实验目的

（1）了解精密分馏的基本原理和应用。

（2）初步掌握精密分馏的基本操作方法。

2. 实验原理

蒸馏和分馏是分离、提纯有机化合物最重要最常用的方法之一。

简单地说，分馏实际上就是在分馏柱内进行多次的简单蒸馏（分馏基本原理见实验 6）。根据分馏的操作装置的不同及其分离效率的高低，分馏分为简单分馏和精密分馏。

分馏装置与蒸馏装置不同处是多一个分馏柱。实验室常用的分馏柱是一根柱身有一定形状或内部装有填料的玻璃管，其目的是要增大液相和气相接触的面积，提高分离效率，见图 2-19。

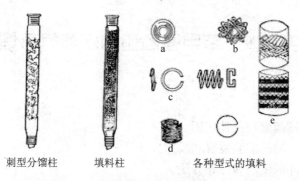

刺型分馏柱　　　填料柱　　　各种型式的填料

图 2-19　分馏柱及填料

在分馏的操作中，一定要控制好加热速度，如果沸腾速度太快，冷凝下来的液体受到上升气流的冲击会在柱内聚集，造成液泛，破坏已经建立的平衡，影响分馏效果。用在分馏柱外包扎石棉绳、石棉布等绝热物或采取电热保温的方法以保持柱内温度，也可以有效防止液泛的发生，并提高分馏效率。

除了要控制好蒸馏速度、减少分馏柱的热量散失和温度波动之外，还要控制好分馏的回流比，回流比是指在单位时间内由柱顶冷凝返回柱中液体的量与蒸出液体量之比，回馏比越高分馏效果越好，对于非常精密的分馏，使用高效率的分馏柱，回流比可达 100∶1。

3. 仪器与试剂

1）仪器

填料柱；分馏头；温度计；电热套 ；调压器；蛇形冷凝管；250mL 三口烧瓶 ；100 mL 圆底烧瓶；玻璃弹簧填料。

2) 试剂

环己烷与正庚烷的混合液 120mL。

4. 实验步骤

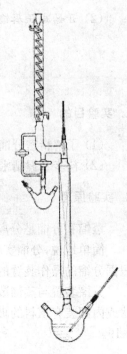

图 2-20　精密分馏装置

如图 2-20 安装精密分馏装置(柱填料为玻璃弹簧填料)。在
250mL 的烧瓶中加入待分馏液 120mL,投入 2～3 粒沸石,通冷却水,
关闭出料旋塞。开启电源,设置保温套的加热电压为 25V,电热套温
度 120℃。当待分馏液沸腾时,使蒸气慢慢地升入分馏柱,全回流
20min,使柱身及柱顶温度均达到恒定后,开启出料旋塞,控制分馏速
度,以每 1 滴/5～6s 速度收集环己烷馏分。当收集环己烷馏分的沸
程大于 2℃,换瓶收集混合馏分。当柱顶温度达到正庚烷沸点时,换
瓶收集正庚烷馏分。记录环己烷和正庚烷馏的体积,测定折光率。

讨论与思考

(1) 蒸馏和分馏在原理有何不同?

(2) 何为回流比?

实验 9　苯甲酸乙酯的水蒸气蒸馏

1. 实验目的

(1) 了解水蒸气蒸馏原理及其应用。

(2) 掌握水蒸气蒸馏的实验装置和操作方法。

(3) 掌握分液漏斗的使用和保养方法。

2. 基本原理

水蒸气蒸馏是提纯和分离有机化合物的常用方法。主要用于分离与水互不混溶、不反应,
并且具有一定挥发性(一般在近 100℃时,蒸气压不小于 667Pa)的有机化合物。水蒸气蒸馏广
泛用于在常压蒸馏时达到沸点易分解物质的提纯和从天然原料中分离出液体和固体产物。

水蒸气蒸馏是指在难溶或不溶于水的有机物中通入水蒸气或与水一起共热,使有机物和
水一起蒸馏出来的操作。当对一个互不混溶的挥发性混合物进行水蒸气蒸馏时,根据分压定
律,在一定温度下,每种液体将显示其各自的蒸气压,而不被另一种液体所影响。它们各自的
分压只与各自纯物质的饱和蒸气压有关,即 $P_A = P_A^\circ$,$P_B = P_B^\circ$,而与各组分的摩尔分数无关,
其总压为各分压之和,即

$$P_\text{总} = P_A + P_{H_2O} = P_A^\circ + P_{H_2O}^\circ$$

式中,$P_\text{总}$ 是混合物的总蒸气压;P_{H_2O} 为水的蒸气压;P_A 为不溶或难溶于水的有机物的蒸
气压。

由此我们可以看出,当 $P_\text{总}$ 达到 101.325kPa 时,该混合物开始沸腾。显然混合物的沸点

将比其中任何单一组分的沸点都低。即该有机物可在比其沸点低得多的温度 100℃以下随水一起被蒸出来。

　　水蒸气蒸馏时,馏出液两组分的组成由被蒸馏化合物的分子质量以及在此温度下两者相应的饱和蒸气压来决定。假如它们是理想气体,则

$$PV = nRT = (W/M)RT$$

式中:P——蒸气压

　　　V——气体体积;

　　　W——气相下该组分的质量;

　　　M——纯组分的相对分子质量;

　　　R——气体常数;

　　　T——热力学温度;

　　气相中两组分的理想气体方程分别表示为

$$P_{水}^{\circ} V_{水} = (W/M)_{水} RT$$
$$P_{B}^{\circ} V_{B} = (W/M)_{B} RT$$

将两式相比得到下式:

$$P_{B}^{\circ} V_{B} / P_{水}^{\circ} V_{水} = W_{B} M_{水} / W_{水} M_{B}$$

在水蒸气蒸馏条件下,$V_{水} = V_{B}$,且温度相等,故上式可改写为

$$W_{B} / W_{水} = P_{B}^{\circ} M_{B} / P_{水}^{\circ} M$$

　　以苯胺和水的混合物进行水蒸气蒸馏为例,混合物的沸点为 98.4℃,苯胺的沸点为 184.4℃,在 98.4℃时苯胺的蒸气压为 42mmHg(5.60 kPa),水的蒸气压为 718mmHg (95.7kPa)。两者蒸气压之和接近 760mmHg(101.3kPa),于是混合物开始沸腾,苯胺和水一起被蒸馏出来。馏出物中苯胺与水的质量比代入上式:

$$\frac{W_{苯胺}}{W_{水}} = \frac{M_{苯胺} \times P_{苯胺}}{M_{水} \times P_{水}} = \frac{5.60 \times 93}{95.7 \times 18} \simeq 0.30$$

所以馏出液中苯胺含量为:

$$\frac{0.30}{1 + 0.30} \times 100\% = 23.1\%$$

　　但实际上由于苯胺微溶于水,导致水的蒸气压降低,得到的比例比计算值要低。

3. 仪器与试剂

　　1) 仪器

　　三口圆底烧瓶;直形冷凝管;接引管;蒸馏头;水蒸气发生器;水蒸气导入管;

　　2) 试剂

　　粗苯甲酸乙酯 10mL　　　无水硫酸镁

4. 实验装置与操作

　　1) 水蒸气蒸馏装置

　　如图 2-21,水蒸气蒸馏装置由水蒸气发生器和简单蒸馏装置组成。

　　水蒸气发生器由铜或钢板 A 制成(见图 2-22),在装置的侧面安装一个水位计 B,以便观察发生器内水位,一般水位最高不要超过 2/3,最低不要低于 1/3。在发生器的上边安装一根长的玻璃管 C,将此管插入发生器底部,距底部距离约 1cm,可用来调节体系内部的压力,并可防止系统发生堵塞时出现危险。蒸气出口管与冷阱 G 连接,冷阱是一支玻璃三通管(或叫 T 形管),它的一端与发生器连接,另一端与蒸馏瓶连接,下口接一段软的橡皮管,用螺旋夹夹住,以便调节蒸气量。一般与蒸馏系统连接的管路越短越好,否则水蒸气冷凝后会降低蒸馏瓶内温度,影响蒸馏效果。

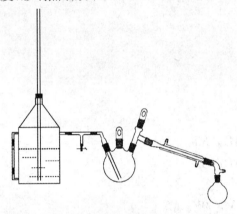

图 2-21　水蒸气蒸馏装置图

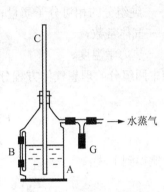

图 2-22　水蒸气发生器

　　2) 水蒸气蒸馏操作

　　在水蒸气发生器内注入 1/2～2/3 的水①,在 100mL 三口烧瓶中加入 10mL 的粗苯甲酸乙酯(被蒸馏液体的体积不应超过蒸馏瓶容积的 1/3),如图 2-21 安装水蒸气蒸馏装置,打开 T 形管上的螺旋夹,通入冷却水②。

　　加热水蒸气发生器使水迅速沸腾,待水蒸气从 T 形管的支管冲出时,旋紧夹子,使水蒸气导入三口烧瓶中,不久即有混浊液流入接收器。调节蒸气量,控制馏出速度为 1 滴/1～2s③。

　　待馏出液澄清透明,不再有油状物时④,即可停止蒸馏,此时应先打开 T 形管上的螺旋夹,再停止加热。将馏出液倒入分液漏斗⑤中静止,待分层后,分出油层⑥置于干燥的小锥形瓶中,加入适量的干燥剂无水硫酸镁进行干燥,再滤去干燥剂,量取苯甲酸乙酯的体积。

讨论与思考

　　(1) 水蒸气蒸馏的原理是什么? 有何实用意义?

　　(2) 安全管和 T 形管各起什么作用?

---

　　①　水蒸气发生器中水不能太满,否则,沸腾时水将会冲入蒸馏烧瓶。

　　②　由于水的热容较大,冷却水的流量应稍大些。

　　③　蒸馏速度不应过快,以保证蒸汽在冷凝管中全部冷凝下来。

　　④　取少量流出液,在日光或灯光下观察是否有油珠状物质。

　　⑤　分液漏斗在使用前应进行检漏。

　　⑥　分液漏斗分液时应注意:下层液体要从漏斗的下层放出,上层液体从上口倒出;分出下层液体时一定要先打开漏斗上面的塞子。

（3）如何判断水蒸气蒸馏的终点？

实验 10　薄层色谱

1. 实验目的

（1）了解薄层色谱板的制作方法。
（2）了解薄层色谱分离化合物的基本原理。

2. 实验原理

薄层色谱（Thin Layer Chromatography）常用 TLC 表示，又称薄层层析，是一种分离提纯和鉴定有机化合物的重要方法。色谱法分为柱色谱、纸色谱、薄层色谱、气相色谱及高效液相色谱等几种类型，其中薄层色谱是一种微量、快速、简单、准确的定性分析分离方法。

薄层色谱的用途：

（1）化合物的定性检验。
（2）快速分离少量物质（几到几十 mg，甚至 $0.01\mu g$）。
（3）跟踪反应进程；在进行化学反应时，常利用薄层色谱观察原料斑点的逐步消失，来判断反应是否完成。
（4）为柱色谱寻找最佳分离条件。
（5）化合物纯度的检验。

薄层色谱是将硅胶、氧化铝等吸附剂均匀地涂在玻载片，铺成薄层作为固定相；用适当极性的有机溶剂作为展开剂（即流动相）。当展开剂在吸附剂上展开时，由于样品中各组分在吸附剂上的吸附能力、在有机溶剂中的溶解不同，吸附能力弱的组分（即极性较弱的组分）随流动相向前移动，而吸附能力强的组分（即极性较强的组分）随流动相移动较慢。在展开过程中，处于原点上的溶质不断地被解吸。解吸出来的溶质随着展开剂向前移动，遇到新的吸附剂，溶质和展开剂又会部分被吸附而建立暂时的平衡，这一暂时平衡立即又被不断移动上来的展开剂所破坏，使部分溶质解吸并随移动相向前移动，形成了吸附-解吸-吸附-解吸的交替过程。所以层析的过程就是不断产生平衡，又不断破坏平衡的过程。通过多次的吸附和解吸的过程，最终将各组分彼此分开。化合物在薄层板上展开上升的程度用比移值 R_f 表示，R_f 是指在薄板上各个组分上升的高度与展开剂上升的前沿之比。化合物的比移值 R_f，按下式计算（见图2-23）。

$$R_f = \frac{溶质的最高浓度中心与起始线的距离}{溶液前沿与起始线的距离}$$

如果各个组分本身带有颜色，待薄层板干燥后就会出现一系列的小斑点；如果化合物本身不带颜色，那么可以用显色方法使之显色，如用荧光板，可在紫外灯下进行分辨。该化合物的比移值（R_f），是指在薄板上各个组分上升的高度与展开剂上升的前沿之比。

影响 R_f 值的因素很多，如薄层的厚度，吸附剂的种类、粒度、活性、展开剂的纯度及外界温度等。因此，同一化合物在薄层析上重现 R_f 值比较困难，不能仅凭 R_f 值作出判断。然而当未

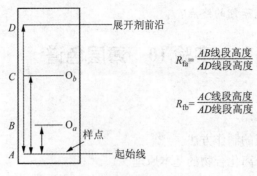

$$R_{fa}=\frac{AB线段高度}{AD线段高度}$$

$$R_{fb}=\frac{AC线段高度}{AD线段高度}$$

图 2-23 计算 R_f 值示意图

知物与已知结构的化合物在同一薄层板上,用几种不同的展开剂展开时,都有相同的 R_f 值时,可以确定未知物与已知物相同。

1)吸附剂的选择

薄层色谱中取常用的吸附剂有:

硅胶 G(含煅石膏粘合剂)、硅胶 GF[254]、硅胶 H(不含黏合剂)、硅胶 HF[254](含荧光物质),可在波长 254nm 紫外光下观察荧光)、硅藻土、硅藻土 G、氧化铝、氧化铝 G、微晶纤维素、微晶纤维素 F[254]等。

薄层层析所用的吸附剂是表面积很大的经过活化处理的多孔性或粉状固体,要求其粒度大小均匀、较细,一般应小于 250 目。用于薄层层析的吸附剂一般活度不宜过高,以 Ⅱ～Ⅲ 级为宜。展开距离相应缩短,一般不超过 10cm,否则将引起色谱扩散影响分离效果.

2)展开剂的选择

选择合适的展开剂是做好薄层分析的关键。展开剂的选择要考虑样品各组分的极性、溶解度、挥发性等诸多因素,展开剂应对被分离物质有一定的溶解度,有适当的亲合力。一般情况下,溶剂的展开能力与溶剂的极性成正比。所选展开剂的极性要比分离物质的极性略小,如果展开剂极性太大,吸附剂对展开剂的吸附能力大于被分离物,被分离样品各组分完全随展开剂移动,其 R_f 值会过高;如果展开剂的极性太小,各组分不易随展开剂迁移,R_f 值则太小甚至为零。选择一个最佳展开剂,往往要经过多次实验。如果找不到单一溶剂,可使用按一定比例组成的混合溶剂,分离效果往往比单一溶剂好,如石油醚-乙醚、石油醚-乙酸乙酯、环己烷-乙酸乙酯等。

一些薄层色谱常用展开剂的极性次序为:甲醇＞乙醇＞丙酮＞乙酸乙酯＞乙醚＞氯仿＞二氯甲烷＞苯＞环己烷基＞石油醚。

本次实验利用薄层色谱法对顺、反偶氮苯异构体进行分离。反式偶氮苯在光照下吸收紫外光形成活化分子。活化分子失去能量回到顺式或反式基态,得到顺式和反式异构体。

这样,经过层析后,没有经过光照的偶氮苯在薄层板上只有一个斑点,而经过光照的偶氮苯有两个斑点。反式偶氮苯的偶极矩为 0,顺式偶氮苯的偶极矩为 3.0D。因为两者极性不同,根据上面所说的原理和方法可将它们分离,分别测定各自的 R_f 值。

3. 仪器与试剂

1) 仪器

载玻片;烘箱;小烧杯;毛细管;层析缸。

2) 试剂

薄层色谱用硅胶 G(粒度为 100 目);苯(AR);环己烷(AR);反式偶氮苯。

4. 实验步骤

1) 试样的配制

称取 0.1g 反式偶氮苯溶于 5mL 无水苯中,将此溶液分放于两个小广口瓶中,一个置于波长为 365nm 的紫外灯照射 30min(或于太阳光下照射 1h),另一个用黑纸包好,避免阳光照射,以与光照后的溶液进行对比。

2) 薄层板的制备与活化

薄层板分为"干板"与"湿板"。干板在涂层时不加水,一般用氧化铝做吸附剂时使用。这里主要介绍湿板。湿板的制法有以下几种:

(1) 涂布法　利用涂布器铺板。

(2) 平铺法　把吸附剂与溶剂调制的浆液倒在玻璃片上,用手轻轻振动至平。

称取 1g 硅胶 G,搅拌下慢慢加入到盛有 5mL 去离子水的小烧杯中,调成糊状后立即倒在载玻片上(10cm×3cm 载玻片两块),并立即用手指头夹住载玻片两边沿水平方向轻轻振荡,使浆状物表面光滑、均匀地附在载玻片上,于室温下在水平台上晾干,以同样方法再制一块。要求吸附剂尽可能做得牢固、均匀、厚度约为 0.25～0.5mm。将铺好的薄层板晾干后置于 105～110℃ 的烘箱中烘 30min 活化,贮于干燥器中备用。

3) 点样

在距离薄板一端 1cm 处用铅笔轻轻画一横线作为起点线,用内径为 1mm 的点样管垂直轻轻地点在起点线上,注意点样管口不要碰到吸附剂。若溶液太稀,一次点样不够,则可待前一次试样点干后,在原点样处再点,点样后的直径不要超过 2mm,点样斑点过大,往往会造成拖尾、扩散等现象,影响分离效果。一块薄层板可以点多个样,但点样点之间距离不能小于1～1.5mm。本实验在同一薄板上分别点经过光照和无光照的两个样点。

4) 展开

薄层色谱的展开需在密闭器皿内进行,如广口瓶、带有橡皮塞的锥形瓶或层析缸(见图 2-24)。将展开剂(6mL 环己烷和 2mL 苯的混合物)倒入层析缸中(液层高度约为 0.5～1.0cm),待层析缸中充满溶剂蒸气后,再将点好样的薄层板(样点一端向下)放入缸中展开(薄层板可水平倾斜 45～60°角,点样的位置必须要在展开剂液面之上),盖上盖子。当展开剂沿着薄层板展开至前沿距板顶端 0.5～1cm 时,取出薄层板用铅笔画出溶剂前沿位置,晾干,在紫外灯下观察斑点的位置。

5) 计算 R_f

用尺子分别测量斑点中心和展开剂前沿与起点线的移动距离,计算出顺、反偶氮苯异构体的 R_f 值。

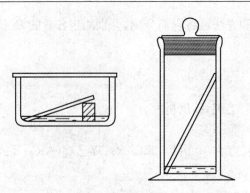

图 2-24　薄层板在不同的层析缸中展开的方式

讨论与思考

(1) 薄层层析的基本原理上什么？

(2) 如何应用 R_f 值来鉴定未知物？

实验 11　柱色谱

1. 实验目的

(1) 学习柱色谱技术的原理和应用。

(2) 掌握柱色谱分离技术和操作。

2. 实验原理

利用层析柱将混合物各组分分离开来的操作过程称为柱层析。柱层析是层析技术中的一种，依据其作用原理又可以分为吸附柱层析、分配柱层析和离子交换柱层析等。其中吸附柱层析用途最广。以下主要介绍吸附柱层析。其原理是利用混合物中各组分在固定相上的吸附能力和流动相的解析能力不同，让混合物随流动相流过固定相（吸附剂）发生反复多次的吸附和解吸过程，从而使混合物分离成两种或多种单一组分。

1) 层析柱

实验室中所用玻璃层析柱有两种形式，一是下部带有活塞的玻璃管，另一种是将玻璃管下端拉细，套上一段弹性良好的管子，用一只螺旋夹控制流速。

层析柱的尺寸根据被分离物的量来定，其直径与高度之比则根据被分离混合物的分离难易而定，一般在 1∶8 到 1∶50 之间。柱身细长，分离效果好，但可分离的量小，且分离所需时间长；柱身粗短，分离效果较差，但一次可以分离较多的样品，且所需时间短。如果待分离物各组分较难分离，宜选用细长的柱，如果要处理大量较易分离的或对分离纯度要求较低的混合物，则可选用粗而短的柱。最常使用的层析柱，直径与长度比在 1∶8 到 1∶15 之间。

2) 吸附剂

柱层析最常使用的吸附剂是氧化铝或硅胶。其用量为被分离样品的 30～50 倍，对于难以分离的混合物,吸附剂的用量可达 100 倍或更高。对于吸附剂应综合考虑其种类、酸碱性、粒度及活性等因素来选择,最后用实验方法确定。

市售氧化铝有酸性、碱性和中性之分。酸性氧化铝是用 1‰盐酸浸泡后,用蒸馏水洗到其浸出液的 pH 值为 4,适用于分离酸性物质;浸出液的 pH 值为 9～10,适用于分离胺类、生物碱及其他有机碱性物质;中性氧化铝的 pH 值为 7.5,适合于酮、醛、醌、酯等类化合物的分离及对酸、碱敏感的其他类型化合物的分离。硅胶没有酸碱之分,适用于各类有机物的分离。

3) 淋洗剂

淋洗剂是将被分离物从吸附剂上洗脱下来所用的溶剂,所以也称洗脱剂或简称溶剂。其极性大小和对被分离物各组分的溶解度大小对于分离效果非常重要。一般根据被分离物中各种成分的极性、溶解度和吸附剂活性等考虑。如果淋洗剂的极性远大于被分离物的极性,则淋洗剂将受到吸附剂的强烈吸附,从而将原来被吸附的待分离物"顶替"下来,随多余的淋洗剂冲下来而起不到分离作用。如果淋洗剂的极性远小于被分离物各组分的极性,则各组分将受到吸附剂的强烈吸附而留在固定相中,不能随流动相向下移动,起不到分离作用。如淋洗剂对于被分离组分溶解度太大,被分离物将会过多、过快的溶解于其中并被迅速洗脱而不能很好分离;如果溶解度太小,则会造成谱带分散,甚至不能分开。常用溶剂的极性大小次序也因所用吸附剂的种类不同而不尽相同。常用的洗脱剂的极性按如下次序递增:

己烷和石油醚＜环己烷＜四氯化碳＜三氯乙烯＜二硫化碳＜甲苯＜苯＜二氯甲烷＜氯仿＜乙醚＜乙酸乙酯＜丙酮＜丙醇＜乙醇＜甲醇＜水＜吡啶＜乙酸

在选择溶剂时,首先在薄层层析板上试选,初步确定后再上柱分离。如果所有色带都进行甚慢则应改用极性较大、溶解性能也较大的溶剂,反之则改用极性和溶解度都较小的溶剂,直至获得满意的分离效果。除了分离效果外还应当考虑:①在常温至沸点的温度范围内可与被分离物长期共存不发生任何化学反应,也不被吸附剂或分离物催化而发生自身的化学反应;②沸点较低以利回收;③毒性较小,操作安全;④适当考虑价格是否合算,来源是否方便;⑤回收溶剂一般不应作为最终纯化产物的淋洗剂。

淋洗剂的用量往往较大,故最好使用单一溶剂以利回收。极性溶剂对于洗脱极性化合物是有效的,非极性洗脱剂对于洗脱非极性化合物是有效的。如欲分离的混合物组成复杂,单一溶剂往往不能达到有效分离,通常使用混合溶剂。混合溶剂一般有两种可以无限混融的溶剂组成,先用不同的配比在薄层板上试验,选出最佳配比,再按该比例配好,像单一溶剂一样使用。如果必须在层析过程中改变淋洗剂的极性,如两色带相距较近,不能把一种溶剂迅速换成另一种溶剂,则应将极性稍大的溶剂按一定的百分率逐渐加到正在使用的溶剂中去,逐步提高其比例,直至所需的配比。其目的在于避免后面的色带行进过快,追上前面的色带,造成交叉带。如两色带间有很宽阔的空白带,不会造成交叉,则亦可直接换成后一溶剂,所以应根据具体情况灵活运用。

4) 被分离的混合物

在实际工作中,被分离的样品是不能被选择的,但认真考察各组分的分子结构,估计其吸附能力,对于正确选择吸附剂和淋洗剂都是有益的。如化合物的极性较大,则易被吸附而较难被洗脱,宜选用吸附力较弱的吸附剂和极性较大的淋洗剂。反之,对于极性较小的样品,则选用极性较强的吸附剂和弱极性或非极性淋洗剂。如各组分极性差别较大,则易于分离,可选用较为粗短的柱,使用较少吸附剂;如各组分极性相差不大,则难于分离,宜选用细长的柱并使用较大量的吸附剂。

3. 仪器与试剂

1) 仪器

层析柱;石英砂;滴管;锥形瓶。

2) 试剂

95％乙醇;次甲基蓝;荧光黄;硅胶 G(100～200 目)。

4. 实验步骤

1) 装柱

装柱前应先将层析柱洗干净,进行干燥。将层析柱垂直固定,柱下口的旋塞不要涂润滑油,以防油脂被溶剂溶解而污染被分离的化合物。装柱分为湿法装柱和干法装柱。本实验采用湿装法。称取 15g 硅胶 G 倒入有 30mL95％乙醇的烧杯中,搅拌后使其溶胀,冷却至室温等用。

如图 2-25 安装柱层析装置,在柱内加入 10mL95％乙醇,打开旋塞,放出几滴溶剂去除砂芯中的空气后,关闭旋塞。将调好的吸附剂在搅拌下缓慢、均速地加入柱中,同时打开旋塞,控制滴液速度 1 滴/秒。用流下的洗脱剂转移或淋洗在烧杯、柱内壁中残留吸附剂。在装柱过程中,应不断敲打层析柱,以使填充均匀并无气泡①。当洗脱剂流速变慢时,可适当加压。待溶剂高出吸附剂最高端约 2cm,关闭旋塞,加入厚度 0.5～1cm 石英砂(石英砂的作用一是使样品均匀地流入吸附剂表面,二是加入洗脱剂时防止吸附剂表面被破坏)。打开旋塞,待液面与石英砂表面相近,关闭旋塞。在整个装柱过程中,柱内洗脱剂的高度始终不能低于吸附剂最上端②,否则柱内会出现裂痕和气泡。

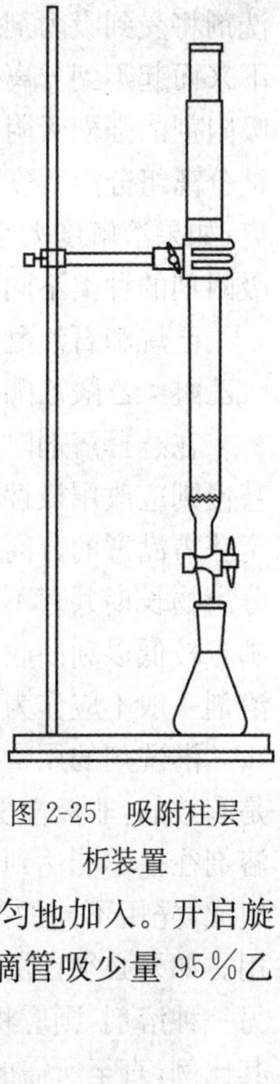

图 2-25 吸附柱层析装置

2) 加样

液体样品可直接加入层析柱中,如浓度低可浓缩后再上柱。固体样品应先用最少量的溶剂溶解后再加入柱中。

取 0.3mL 次甲基蓝与荧光黄的乙醇溶液,用滴管伸入柱内壁慢慢均匀地加入。开启旋塞,让样品进入石英砂层,当样品液面与石英砂层顶部相近时,用干净的滴管吸少量 95％乙醇,沿柱内壁淋洗壁上样品,待这部分液体进入石英砂层后,加样完毕。

3) 色带的展开

加入 95％乙醇洗脱剂进行展开,极性较弱的荧光黄先解析出来,黄色谱带随着洗脱剂向下移动,而极性较强的次甲基蓝仍被吸附,未被解析。当黄色谱带流入柱底时,换瓶收集黄色谱带,待黄色谱带收集完毕,换瓶将柱内的溶剂全部接收后回收。

---

① 当柱内有气泡时,大量洗脱剂顺气泡外壁流下,在气泡下方形成沟流,使后一色带前沿的一部分突出伸入前一色带,从而使两色带难以分离。

② 试液加完并流到吸附剂上端时,立即加入展开剂进行展开,勿使溶剂的水平面低于吸附剂的上端。

讨论与思考

（1）装柱时，柱子有气泡或装填不均匀，对分离效果有何影响？

（2）柱色谱中的吸附剂为什么一定要被溶剂或脱附剂浸没？

2.2　有机化合物的基本制备实验

实验 12　1-溴丁烷的制备

1. 实验目的

（1）学习卤代烷的制备方法和反应原理。

（2）掌握带气体吸收回流装置的操作方法。

（3）掌握液体化合物的洗涤及分液漏斗的使用方法。

（4）学习阿贝折射仪的使用方法。

2. 实验原理

在实验室里饱和一元卤代烷一般都是以醇为原料制取的，最常用的方法是用醇与氢卤酸作用。

$$R—OH + HX \Longrightarrow R—X + H_2O$$

氢溴酸是一种极易挥发的无机酸，无论是液体还是气体刺激性都很强。因此，在本实验中采用溴化钠与硫酸作用来生成氢溴酸，并在反应装置中加入气体吸收装置，将外逸的溴化氢气体吸收，以免造成对环境的污染。

由于醇与氢溴酸的反应是一个可逆反应。为了使反应平衡向生成溴代烷的方向移动，可以增加醇或氢溴酸的浓度，也可以设法不断地除去生成的溴代烷和水，或两者并用。本实验采取的方法是增加溴化钠的用量，同时加入过量浓硫酸，过量的硫酸可以将反应中生成的水质子化，阻止卤代烷通过水的亲核进攻而返回到醇。硫酸还可作为 H^+ 来源，增加 $R—O^+H_2$ 的浓度，从而有利于反应向正方向进行，以提高产率。但这种方法一般不适用于氯烷和碘烷的制备。

主反应

$$KBr + H_2SO_4 \longrightarrow HBr + KHSO_4$$

$$n\text{-}C_4H_9OH + HBr \xrightarrow[SN_2]{H_2SO_4} n\text{-}C_4H_9Br + H_2O$$

副反应

$$n\text{-}C_4H_9OH \xrightarrow{H_2SO_4} CH_3CH_2CH = CH_2$$

$$2n\text{-}C_4H_9OH \xrightarrow{H_2SO_4} C_4H_9—O—C_4H_9 + H_2O$$

$$2HBr + H_2SO_4 \longrightarrow Br_2\uparrow + SO_2\uparrow + 2H_2O(温度过高时)$$

反应完毕后,粗产物中,含有正丁醇、正丁醚等杂质,可利用醇或醚与浓硫酸形成盐能溶于浓硫酸的性质,用浓硫酸洗涤将它们除去。如粗产物中含有正丁醇,在蒸馏时会与1-溴丁烷形成沸点较低的共沸混合物(bp98.6℃,含有13%正丁醇),而导致产率的下降。

3. 分液漏斗的使用与液体化合物的洗涤

洗涤是实验室常用的一种分离提纯的方法。洗涤的基本原理是利用物质在互不相溶(或微溶)的溶剂中的溶解度,从混合物中提取出少量杂质达到分离。洗涤常在分液漏斗中进行。

1) 分液漏斗的使用方法

(1) 选择容积较待洗涤液体积大一倍以上的分液漏斗。

(2) 分液漏斗在使用前要将漏斗颈上的旋塞芯取出,擦干,均匀涂上一层凡士林(切勿涂得太厚或使润滑脂进入旋塞芯孔中,以免污染待洗涤液),插入塞槽内转动使油膜均匀透明,且转动自如。

(3) 分液漏斗检漏——关闭旋塞,往分液漏斗内加入适量水,将其放置在合适的并固定在铁架上的铁圈中,检查旋塞处是否漏水,不漏水的分液漏斗方可使用。

(4) 将洗涤剂倒入分液漏斗中,塞紧顶塞(顶塞不能涂润滑脂),如图 2-26 用右手手掌顶住漏斗顶塞并握住漏斗颈,左手握住漏斗旋塞处,大拇指压紧旋塞,将分液漏斗口朝上倾斜并振荡:开始振荡要慢。振荡后,使漏斗口仍保持原倾斜状态,支管口指向无人处,左手仍握在旋塞处,用拇指和食指旋开活塞,释放出漏斗内的蒸气或产生的气体,使内外压力平衡,此操作也称"放气"。如此重复至放气时只有很小压力后,再加剧振荡,然后将漏斗放回铁圈中静置分液(见图 2-27)。如振荡剧烈,有时会产生乳化现象。

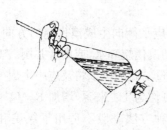
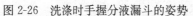

图 2-26　洗涤时手握分液漏斗的姿势　　　　　　图 2-27　洗涤后的静止分液

(5) 待两层液体完全分开后,打开顶塞,将旋塞缓缓旋开,下层液体自旋塞放出,上层液体从分液漏斗的上口倒出。若洗涤剂的比重小于被洗涤液的比重,下层液体尽可能放干净,有时两相间可能出现一些絮状物,也应同时放去;絮状物切不可从旋塞放出,以免污染漏斗颈。

2) 用于破坏乳化的方法

(1) 较长时间静置;

(2) 若是因碱性而产生乳化,可加入少量酸进行破坏或采用过滤方法除去;

(3) 若是由于两种溶剂(水与有机溶剂)能部分互溶而发生乳化,可加入少量电解质(如氯

化钠等),利用盐析作用加以破坏。另外,加入食盐,可增加水相的比重,有利于两相比重相差很小时的分离;

(4)加热以破坏乳状液,或滴加几滴乙醇、磺化蓖麻油等以降低表面张力。

4. 折射率的测定

折射率是化合物的重要物理常数之一,固体、液体和气体都具有折射率,通过折射率的测定,可以判断有机化合物的纯度,鉴定未知化合物。测定液体有机化合物折射率常用的仪器是阿贝(Abbe)折射仪,下面介绍阿贝折射仪的工作原理和使用方法。

1)阿贝(Abbe)折射仪的工作原理

当一束光从一种各向同性的介质 n_1 进入另一种各向同性的介质 n_2 时,不仅光速会发生改变,而且如果传播方向不垂直于界面,还会发生折射现象,如图 2-28 所示。

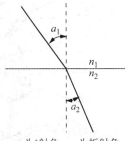

a_1 为λ射角;a_2 为折射角

图 2-28　折射基本原理

若光线从光密介质进入光疏介质,入射角小于折射角,改变入射角可以使折射角达到 $90°$,此时的入射角称为临界角。用阿贝折射仪测定折射率就是基于测定临界角的原理。

根据折射定律,波长一定的单色光在确定的外界条件下(温度、压力等),从一种介质 A 进入另一种介质 B 时,其入射角 α 和折射角 β 的正弦之比与两种介质的折射率 N 与 n 成反比:

$$\sin\alpha / \sin\beta = n/N$$

当介质 A 为真空时,$N=1$,n 为介质 B 的绝对折射率,则有

$$n = \sin\alpha / \sin\beta$$

如果介质 A 为空气 $N_{空气}=1.00027$(空气的绝对折射率),则

$$\sin\alpha / \sin\beta = n/N_{空气} = n/1.00027 = n'$$

n' 为介质 B 的相对折射率。n 与 n' 数值一般相差很小,常以 n 代替 n'。但进行精密测定时,应加以校正。

物质的折射率与它的结构和光线波长有关,而且也受温度、压力等因素的影响。通常大气压的变化影响不明显,只在很精密测定时才考虑。使用单色光要比使用白光时测得的折射率值更为精确.

折射率常用 n'_D 表示以钠光(D)($\lambda=28.9nm$)为光源,温度为 t 时测定的折射率。一般当温度升高(或降低)1℃时,液体有机化合物的折射率会减少(或增加)$3.5 \times 10^{-4} \sim 5.5 \times 10^{-4}$。为了便于计算,一般采用 4×10^{-4} 为温度每变化 1℃的校正值。因此不同温度测定的折射率,可用公式换算成另一温度下的折射率。这种粗略计算,所得的数值可能略有误差,但却有参考价值。通常文献中列出的某物质的折射率是温度在 20℃时的数值。当实际测定时的温度高于(或低于)20℃时,可近似计算出校正为 20℃时折射率 n_D^{20} 的值。

$$n_D^{20} = n_D^t + 0.00045 \times (t-20)$$

2)阿贝折射仪的结构

如图 2-29 为阿贝折射仪的结构图。底座 14 为仪器的支承座,壳体 17 固定在其上。除棱镜和目镜外,全部光学组件及主要结构均封闭于壳体内部。棱镜组固定于壳体上,由进光棱镜、折射棱镜以及棱镜座等结构组成。两只棱镜分别用特种黏合剂固定在棱镜座内。5 为进

光棱镜座,11 为折射棱镜座,两棱镜座由转轴 2 连接。进光棱镜能打开和关闭,当两棱镜座密合并用手轮 10 锁紧时,两棱镜面之间保持一均匀的间隙,被测液体应充满此间隙。3 为遮光板,18 为四只恒温器接头,4 为温度计,13 为温度计座,可用乳胶管与恒温器连接使用。1 为反射镜,8 为目镜,9 为盖板,15 为折射率刻度调节手轮,6 为色散调节手轮,7 为色散值刻度圈,12 为照明刻度盘聚光镜。

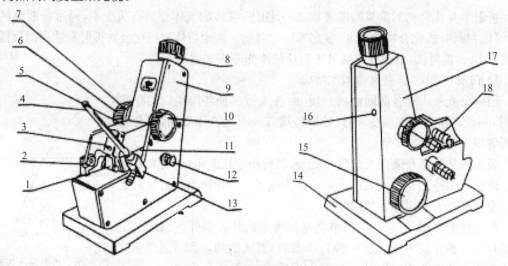

图 2-29　阿贝折射仪的结构示意图

1—反射镜;2—转轴;3—遮光板;4—温度计;5—进光棱镜座;6—色散调节手轮;7—色散值刻度圈;8—目镜;9—盖板;10—手轮;11—折射棱镜座;12—照明刻度盘;13—温度计座;14—底座;15—刻度调节手轮;16—小孔;17—壳体;18—恒温器接头

3) 阿贝折射仪的使用与操作方法

(1) 读数的校正。为保证测定时仪器的准确性,需对阿贝折射仪读数进行校正。校正的方法是将 2~3 滴纯水滴在折射棱镜面上,合上两棱镜,调节反射镜使两镜筒内视场明亮,旋转棱镜转动手轮,使刻度盘读数与纯水的折射率(n_D^{20}1.3330)一致,再转动消色散棱镜,使明暗界线清晰,观察望远镜内明暗分界线是否在"十"字交叉点上,见图 2-30。若有偏差,则用螺丝刀微量旋转图 2-29 上小孔 16 内的螺钉,带动物镜偏摆,使分界线像位移至十字线中心。通过反复地观察与校正,使示值的起始误差降至最小。

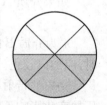

图 2-30　折射仪在临界角时目镜视野图

(2) 样品的测定.用干净滴管将 2~3 滴待测液体滴加在已洗净、晾干的折射棱镜表面(滴加样品时应注意切勿使滴管尖端直接接触镜面,以防造成刻痕),将进光棱镜盖上,用手轮 10 锁紧,要求液层均匀,充满视场,无气泡。打开遮光板 3,合上反射镜 1,调节目镜视度,使十字线成像清晰,此时旋转手轮 15 并在目镜视场中找到明暗分界线的位置,再旋转手轮 6 使分界线不带任何彩色,微调手轮 15,使明暗分界线恰好通过目镜中"十"字交叉点,再适当转动聚光镜 12,此时目镜视场下方显示的示值即为被测液体的折射率。记录折射率,读到小数点后第四位,同时记下温度。

测定完成后,打开两棱镜,用擦镜纸沾少量无水乙醇、丙酮或乙醚轻轻擦洗上下镜面,注意不可来回擦,只可单向擦。晾干后再合紧两镜。

5. 仪器与试剂

1）仪器

圆底烧瓶；分液漏斗；球形冷凝管；温度计；直形冷凝管；蒸馏头；梨形瓶；接引管；玻璃漏斗；量筒；烧杯；阿贝射光仪。

2）试剂

正丁醇 7.4g（9.1mL，0.1mol）；10%碳酸钠溶液。

无水溴化钾 14.3g（0.12mol）；无水氯化钙。

浓硫酸 25.8g（14mL，0.26mol）；饱和亚硫酸氢钠溶液。

6. 实验步骤

第一次：

如图 2-31 所示安装实验装置（注意：倒覆在盛水烧杯中的漏斗，其边缘应接近水面，切勿全部浸入水中，以免产生倒吸）。

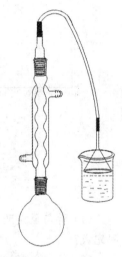

图 2-31　制备 1-溴丁烷的装置

在 100mL 圆底烧瓶中，加入 14.3g 溴化钾和 9.1mL 正丁醇，投入 2～3 粒沸石摇均。在一锥形瓶中加入 12mL 水，置于冷水浴中边振荡，边缓慢地加入 14mL 浓硫酸，并冷却至室温。将稀释后的硫酸水溶液从冷凝管的上口分批加入反应瓶中，并充分振荡使反应物混合均匀。硫酸加完后连接好气体吸收装置，在石棉网上用小火加热至沸腾。观察反应现象，当冷凝管下端有冷凝液滴下时即为回流开始，此时开始记时，保持回流 30min，控制回流速度 1～2 滴/s 及冷凝圈的高度不超过第一个球（在回流时要注意，如果产生大量红棕色溴蒸气时①，应立即暂停加热或调小火焰）。回流完毕，停止加热。稍冷拆下回流冷凝管，改装为蒸馏装置，再加 1～2 粒沸石，进行蒸馏，蒸馏至反应液上层的油层消失，馏出液中无油滴或澄清为止②。在接收瓶中加入 15mL 水，塞好塞子。为第二次实验待用。

第二次：

将粗产物倒入分液漏斗中，洗涤（不宜用力振摇，因其易乳化、难分层），待静止分层后，将下层油层放入一干燥的锥形瓶中，从分液漏斗上口倒出水层。将 6mL 浓硫酸分几次慢慢地加入锥形瓶中，用冷水冷却并振摇，再将混合物倒入分液漏斗中，洗涤，静止分层，分去下层的浓

---

① 冷凝管出现的红棕色气为溴蒸气，产生的原因是由于加热温度过高而造成的。

② 1 溴丁烷是否蒸完，可从以下二个方面判断：①观察馏出液是否由混浊变为澄清。②烧瓶中的上层油层是否完全消失。③取一干净小烧杯或小量筒收集几滴馏出液，加入少许水，看有无油珠出现，如无表示溴丁烷已被蒸完。

硫酸[1][2]。油层依次用 10mL 水、10mL10％碳酸钠水溶液、10mL 水各洗涤一次（注意：粗产物均在下层，用碳酸钠溶液洗涤时，应经常开启活塞放出生成的气体）。将下层粗产物放入一干燥的小锥形瓶中，少量分批加入无水氯化钙，塞紧活塞，间歇振摇，直至液体澄清透明为止。

将干燥好的液体小心地倾入干燥的 25mL 圆底烧瓶中，加入 1～2 粒沸石，安装一套蒸馏装置，在石棉网上用小火加热蒸馏，收集 99～102℃的馏分。测量产物量体积、计算产率，测定折射率。

纯 1-溴丁烷为无色透明液体，bp101.6℃，d_4^{20}1.275 8，n_D^{20}1.439 9，不溶于水，溶于乙醇、乙醚。其标准红外光谱如图 2-32 所示。

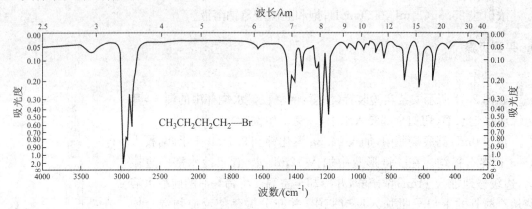

图 2-32　1-溴丁烷的标准红外光谱

讨论与思考

（1）醇与氢溴酸作用生成溴丁烷是可逆反应，是否能用边反应边蒸馏的方法促使反应顺利完成？

（2）第一次蒸馏的馏出液中主要含有哪些杂质？如何除去这些杂质？

（3）能否用普通蒸馏法除去杂质正丁醚和未反应的正丁醇？为什么？

实验 13　乙酸正丁酯的制备

1. 实验目的

（1）学习用羧酸与醇反应制备酯的原理和方法。

（2）掌握共沸蒸馏分水法的原理及分水器的使用方法。

---

① 洗涤中如油层呈红棕色，系含有游离的溴。此时可用 7mL 饱和亚硫酸氢钠的水溶液洗涤，以除去溴。反应方程式为

$$Br_2 + 4NaHSO_4 \longrightarrow 2NaBr + 2SO_2 \uparrow + 2NaHSO_4 + 2H_2O$$

② 用浓硫酸洗涤是为了除去 1-溴丁烷中含有的少量未反应的正丁醇及副产物正丁醚等杂质。正丁醇和 1-溴丁烷可形成共沸物（bp98.6，含正丁醇 13％），如不洗去，蒸馏时难以除去。因此在用浓硫酸洗涤时，应充分振荡。

（3）熟练应用蒸馏、回流、干燥等实验技能。

2. 实验原理

羧酸与醇在少量酸的催化下加热，生成酯和水的反应称为酯化反应。酯化反应是一个典型的酸催化可逆反应。

$$RCOOH + R'OH \underset{}{\overset{H^+}{\rightleftharpoons}} RCOOR' + H_2O$$

反应达到平衡时，约有 2/3 的酸和醇转化为酯。加热或加催化剂都只能加快反应速度，而对平衡时的物料组成没有影响。

为了提高酯的产率，常加过量的酸或醇，也可以把反应中生成的酯或水及时地蒸出，或两者并用，以促使平衡向生成物方向移动。本实验采用共沸蒸馏分水法，当酯化反应进行到一定程度时，可以连续地蒸出乙酸正丁酯、丁醇和水三者所形成的二元或三元恒沸混合物。当含水的共沸混合物蒸气冷凝为液体时，在分水器中分为两层，上层为溶解少量水的酯和醇，下层为溶解少量酯和醇的水。浮于上层的酯和醇通过支管口回到反应瓶中，未反应的正丁醇可继续酯化，水则逐次分出。这样反复地进行，可以把反应中所生成的水几乎全部除去而得到较高产率的酯。

主反应：

$$CH_3COOH + n\text{-}C_4H_9OH \rightleftharpoons CH_3-\overset{\overset{\displaystyle O}{\|}}{C}-OC_4H_9\text{-}n + H_2O$$

副反应：

$$CH_3CH_2CH_2CH_2OH \xrightarrow{H_2SO_4} CH_3CH_2CH=CH_2 + H_2O$$

$$2CH_3CH_2CH_2CH_2OH \xrightarrow{H_2SO_4} (CH_3CH_2CH_2CH_2)_2O + H_2O$$

3. 仪器与试剂

1）仪器

圆底烧瓶；分水器；分液漏斗；球形冷凝管；温度计；直形冷凝管；蒸馏头；接引管；梨形瓶；量筒；阿贝折射仪。

2）试剂

正丁醇 7.5g（9.2mL，0.1mol）；10%碳酸钠 10mL。

冰醋酸 6.3g（6mL，0.1mol）；浓硫酸；无水硫酸镁。

4. 实验步骤

实验装置如图 2-33。

在干燥的 100mL 圆底烧瓶中加入 9.2mL 正丁醇和 6ml 冰醋酸，混合均匀，小心地加入 3～4 滴浓硫酸①，充分摇匀。投入 2～3 粒沸石，在分水器中先加水至略低于支管口，打开分水器活塞放出 2mL 水②。安装

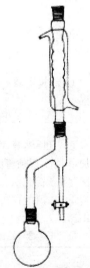

图 2-33 制备乙酸正丁酯装置图

---

① 本实验中浓硫酸仅起催化作用，故只需少量。

② 从理论计算知该反应可生成 2ml 水。

分水器及回流冷凝管。在石棉网上加热回流,调节火焰,控制回流速度 1 滴/1～2s,反应一段时间后,水被逐渐分出①。当分水器中的水层(下层)上升至支管口处,放掉少量的水②③,继续回流,如不再有水生成时(约回流 45min),即为反应的终点,停止加热。待反应液冷却后,卸下回流冷凝管,将分水器中的酯层和烧瓶中的反应液一起倒入分液漏斗中。依次用 10mL 水、10mL10％碳酸钠溶液、10mL 水洗涤。将分出的油层倒入一干燥的小锥形瓶中,分批加入无水硫酸镁干燥,至液体澄清为止。

将干燥后的粗品小心地倒入干燥的 25mL 圆底烧瓶中(注意干燥剂不可进入,也可用少量棉花通过三角漏斗过滤),加入 2～3 粒沸石。安装蒸馏装置,在石棉网上加热蒸馏,收集124～126℃馏分。产物称重后,测折射率,并通过红外光谱检测乙酸正丁酯。

纯乙酸正丁酯为无色具有酯香味的液体,bp126.3℃,d_4^{18}0.882 54,n_D^{20}1.394 7。纯乙酸正丁酯的标准红外光谱图如图 2-34 所示。

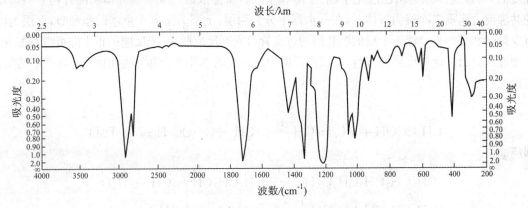

图 2-34　乙酸正丁酯的标准红外光谱图

讨论与思考

(1) 本实验根据什么原理提高乙酸正丁酯的产率?

---

① 凡原料醇、产物酯能与水形成共沸混合物的酯化反应,在反应体系中可不用另加带水剂。否则还需要加带水剂,以便将反应生成的水随带水剂以共沸混合物的形式蒸出,从而达到提高酯产量的目的。这类酯化法称共沸酯化法。

② 在硫酸存在下,正丁醇也可脱水生成丁烯和正丁醚,水中可溶解少量醇,故反应中产生的水可能多于 2mL。

③ 正丁醇,乙酸正丁酯和水可能形成的几种共沸混合物见下表:

| | 恒沸混合物 | 沸点/℃ | 组成(质量分数)% | | |
			乙酸正丁酯	正丁醇	水
二元	乙酸正丁酯—水	90.7	72.9		27.1
	正丁醇—水	93.0		55.5	44.5
	乙酸正丁酯—正丁醇	117.6	32.8	67.2	
三元	乙酸正丁酯—正丁醇—水	90.7	63.0	8.0	29.0

（2）粗产物中含有哪些杂质？如何将它们除去？

（3）无水氯化钙能否用于干燥乙酸正丁酯，为什么？

实验 14 正丁醚的制备

1. 实验目的

（1）学习醇在酸的催化作用下分子间脱水制取单醚的原理和方法。

（2）熟悉分水器的使用方法。

2. 实验原理

脂肪族单醚通常可由两分子醇在酸的催化下脱去一分子水来制备。在酸存在下，温度高时，醇存在副反应——分子内脱水生成烯烃。

醇分子间脱水是可逆反应，为提高产率，实验中采用共沸蒸馏分水法，利用正丁醇和正丁醚与水分别形成二元或三元共沸物，借助分水器不断分去反应中生成的水，而绝大部分的正丁醇和正丁醚自动连续地返回反应瓶中。这样反复进行，可以把反应中所生成的水几乎全部除去而得到较高产率的酯。

主反应：

$$2CH_3CH_2CH_2CH_2OH \xrightarrow[< 138℃]{H_2SO_4} CH_3CH_2CH_2CH_2-O-CH_2CH_2CH_2CH_3 + H_2O$$

副反应：

$$CH_3CH_2CH_2CH_2OH \xrightarrow[\triangle]{H_2SO_4} CH_3CH_2CH=CH_2 \uparrow + H_2O$$

3. 仪器与试剂

1）仪器

三口烧瓶；圆底烧瓶；分水器；分液漏斗；球形冷凝管；温度计；直形冷凝管；蒸馏头；接引管；梨形瓶；量筒；阿贝折射仪。

2）试剂

正丁醇 17g（21mL，0.23mol）；浓硫酸 5.5g（3mL，0.056mol）；50％硫酸溶液；10％碳酸钠溶液 10mL；无水氯化钙。

4. 实验步骤

实验装置如图 2-35。

在 100mL 三口烧瓶中，加入 21mL 正丁醇，在摇荡下慢慢加入 3mL 浓硫酸，摇匀，加入几粒沸石。在瓶口上装温度计和分水器，温度计要插在液面以下，分水器中要事先加入水至10mL 刻度处，然后接一回流冷凝管。

在石棉网上用小火加热到液体微沸①,回流开始。随着水的带出,反应液的温度逐渐上升。待瓶内温度上升到 135～138℃(约需45min),分水器已全部被水充满,表示反应已基本完成②,停止加热。

待反应液冷却后,将反应混合物连同分水器里的水一起倒入分液漏斗,加入 35mL 水进行洗涤。上层粗产物先用 10mL50%硫酸溶液③洗涤两次,再依次用 10mL 水、10mL10%碳酸钠溶液和 10mL 水洗涤。粗产物用无水氯化钙干燥后,用 25mL 圆底烧瓶和空气冷凝管安装蒸馏装置,加热蒸馏,收集 139～144℃的馏分。

正丁醚为无色液体,bp142,d_4^{20}0.768 9,n_D^{20}1.399 2,不溶于水,溶于醇。

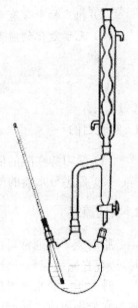

图 2-35   制备正丁醚的装置

讨论与思考

(1) 本实验正丁醇的用量为 21mL,试计算在反应中生成水的体积是多少?

(2) 反应液温度升至 140℃,若继续加热有什么不好?

(3) 用 50%硫酸溶液洗涤粗产物的目的是什么? 能用浓硫酸洗涤吗?

实验 15   乙酰苯胺的制备

1. 实验目的

(1) 掌握苯胺乙酰化反应的原理及芳环氨基保护方法。

(2) 掌握分馏柱除水的实验方法。

(3) 熟悉重结晶的操作方法。

2. 实验原理

苯胺是一类很重要的有机合成中间体。由于氨基的强致活,使苯胺易氧化,或易发生环上的多元卤代。因此,苯胺的酰基化反应常用于氨基的保护或降低氨基对苯环的致活性。

乙酰苯胺可以通过苯胺与乙酰氯、乙酸酐或冰醋酸等试剂进行酰基化反应制得。反应活性是:乙酰氯 > 乙酸酐 > 乙酸。由于乙酰氯活性较强,遇水极易水解,本实验可采用乙酸酐和乙酸作为乙酰化试剂。反应式如下:

方法一:

---

① 回流太快,回流液滴入分水器太快,水珠不易下沉,而使水连同正丁醇一起溢流入烧瓶起不到分水作用。

② 反应物温度达 138℃,反应已完成,如继续加热,则反应液易炭化变黑,并有大量副产物丁烯生成。

③ 50%硫酸可洗去粗产物中的正丁醇,因硫酸浓度不高,正丁醚很少溶解。

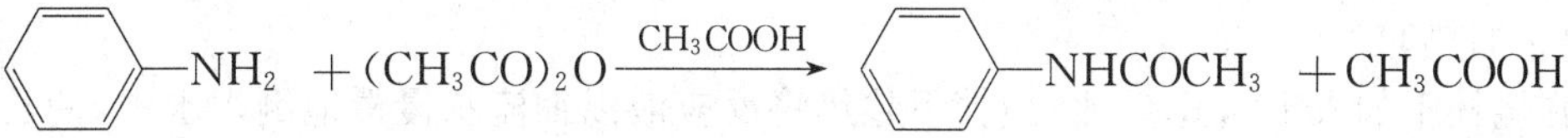

$$\text{（图示：苯胺）}—NH_2 + (CH_3CO)_2O \xrightarrow{CH_3COOH} \text{（图示：苯环）}—NHCOCH_3 + CH_3COOH$$

方法二：

$$\text{（图示：苯胺）}—NH_2 + CH_3COOH \underset{Zn}{\rightleftharpoons} \left[\text{（图示：苯环）}—\overset{+}{N}H_3\ \bar{O}—\overset{\displaystyle O}{\overset{\|}{C}}—CH_3\right] \xrightarrow[\triangle]{-H_2O} \text{（图示：苯环）}—NHCOCH_3$$

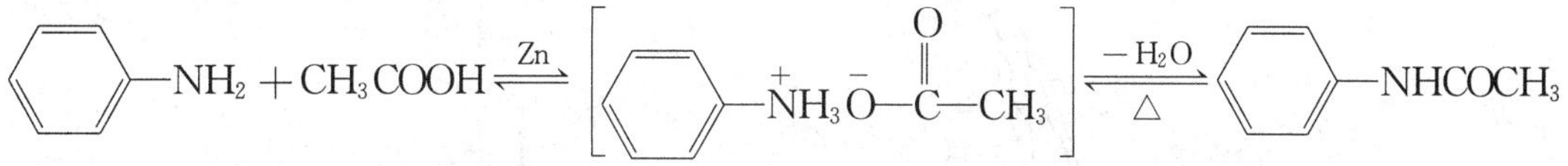

乙酸与苯胺的反应为可逆反应，为了提高产率，一般采用过量乙酸，同时利用分馏柱将反应中生成的水移去。加入少量锌粉是为了防止苯胺氧化。

3. 仪器与试剂

1）仪器

100 mL 三口烧瓶；分馏柱；滴液漏斗；球形冷凝管；烧杯；量筒；布氏漏斗；抽滤瓶；表面皿；真空泵。

2）试剂

苯胺 5.1g（5mL，0.055mol）；乙酸酐 7.6g（7mL，0.075mol）；冰醋酸 7.8g（7.4mL，0.13mol）；活性炭；锌粉。

4. 实验步骤

1）粗乙酰苯胺的制备

方法一：

如图 2-36 安装实验装置①。

在 100mL 三口烧瓶上分别装上回流冷凝管和滴液漏斗，剩余口塞上塞子。

将 7mL 乙酸酐，7.4mL 冰醋酸放入烧瓶中，在分液漏斗中放入 5mL 新蒸馏过的苯胺②。然后，将苯胺于室温下逐渐滴加到烧瓶中（有放热现象），边滴加边振荡。滴加完毕后，在石棉网上用小火加热回流 30min。趁热在搅拌下把反应混合物以细流状慢慢地倒入盛有 100mL 冷水的烧杯中③，使乙酰苯胺呈颗粒状析出。充分冷却至室温后，进行减压抽滤，抽干挤压后，用 5～10mL 冷水洗涤两次，以除去残留的酸液。得到的粗乙酰苯胺。

方法二：

如图 2-37 安装实验装置，分馏柱上绕上石棉绳保温。

在 100mL 圆底烧瓶中加入 5mL 新蒸馏过的苯胺和 7.4mL 冰醋酸，再加入约 0.2g 锌粉④。在石棉网上用小火加热至沸腾。调节火焰，使分馏柱温度控制在 105℃左右⑤。当温度出现下降或上下波动，且已基本蒸出反应所生成的水（约需反应 40～60min）时，则反应达到终

---

① 反应所用仪器需干燥。

② 久置的苯胺因空气氧化色深有杂质，故需进行蒸馏提纯。苯胺有毒，操作时应避免与皮肤接触或吸入其蒸气。若皮肤沾上苯胺，应立即用水冲洗。

③ 反应混合物冷却后，立即有固体产物析出，沾在烧瓶壁上不易处理，故需趁热倒出。同时有利于除去醋酸和未反应的苯胺，苯胺醋酸盐易溶于水。

④ 锌粉的作用是防止苯胺氧化，只需少量即可。如过量会出现不溶于水的氢氧化锌。

⑤ 分馏温度不能太高，以免大量乙酸蒸出面降低产率。

点,停止加热。

在烧杯中加入 100mL 冷水,搅拌下趁热将反应液以细流状慢慢地倒入水中,使乙酰苯胺呈颗粒状析出。充分冷却至室温后,减压抽滤,用少量冷水洗涤两次,得到乙酰苯胺粗品。

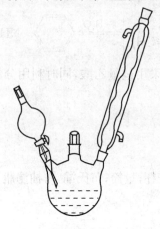

图 2-36　制备乙酰苯胺的装置

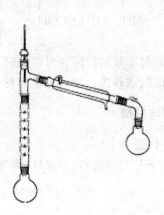

图 2-37　制备乙酰苯胺的装置

2) 粗品乙酰苯胺的重结晶

将粗乙酰苯胺结晶移入 250mL 烧杯中,加入 100mL 热水①,加热至沸,使粗乙酰苯胺溶解,若溶液沸腾时仍有未溶解的油珠,应适当补加少量热水,直至油珠消失为止,再补加 10% 过量的水。稍冷后②,加入半匙粉末状活性炭,在搅拌下微沸 5min,趁热用预热好的布氏漏斗③进行减压抽滤(抽滤瓶最好也温热一下,如遇滤液抽不出,则是结晶析出将布氏漏斗中的小孔堵塞造成的,此时应全倒回,重新加热,再趁热抽滤)。将滤液转移到一干净的烧杯中,慢慢冷却至室温,再次抽滤,用少量水洗涤,将产物放在干净的表面皿中晾干,称重,计算产率。

纯乙酰苯胺是无色有闪光的小叶片状晶体,mp 114℃,难溶于冷水,稍溶于热水,易溶于乙醇、乙醚和氯仿。

纯乙酰苯胺的标准红外光谱如图 2-38 所示。

讨论与思考

(1) 计算本实验中乙酰苯胺的理论产量,根据乙酰苯胺在水中的溶解度,需加多少毫升的沸水才能使其溶解?

(2) 重结晶时,加入活性炭的作用是什么? 为什么不能在溶液沸腾时加入?

---

① 乙酰苯胺在水中的溶解度为

温度/℃	20	25	50	80	100
溶解度/(g/100mLH₂O)	0.46	0.56	0.84	3.45	5.5

② 活性炭具有多孔结构,如果在溶液沸腾时加入,会引起突然的暴沸,致使溶液冲出容器。加活性炭的目的是吸附除去溶液中的有色物质和某些有机杂质。

③ 预热漏斗是防止结晶在漏斗中析出。可把布氏漏斗放在沸水中预热,但不能直接用火加热。

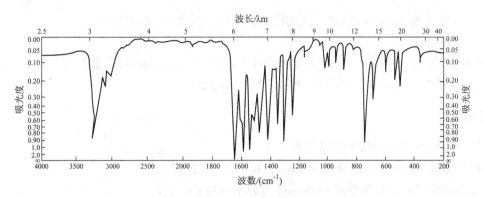

图 2-38　乙酰苯胺的标准红外光谱

实验 16　肉桂酸的制备

1. 实验目的

（1）了解 Perkin 缩合反应的机理。

（2）掌握水蒸气蒸馏的基本操作。

2. 实验原理

肉桂酸又名 β-苯丙烯酸，有顺式和反式两种异构体，通常以反式形式存在。肉桂酸的合成方法有多种，实验室里常用 Perkin（珀金）反应来合成肉桂酸。

芳香醛与含有 α-氢的脂肪族酸酐在碱性催化剂[①]的作用下加热，发生缩合反应，生成芳基取代的 α、β 不饱和酸。这种缩合反应称为 Perkin 反应。本实验是将苯甲醛与乙酸酐在无水乙酸钾存在下缩合，得到肉桂酸。

$$\text{C}_6\text{H}_5\text{—CHO} + (\text{CH}_3\text{CO})_2\text{O} \xrightarrow{\text{CH}_3\text{COOK}} \text{C}_6\text{H}_5\text{—CH=CH—COOH} + \text{CH}_3\text{COOH}$$

由于乙酐遇水易水解，催化剂乙酸钾易吸水而失去催化活性，故要求反应仪器干燥无水。本实验中，反应物苯甲醛和乙酐的反应活性都较小，反应速度慢，必须提高反应温度来加快反应速度。但反应温度又不宜太高，因乙酐和苯甲醛的沸点分别为 140℃ 和 178℃，温度太高不仅会导致反应物的挥发，还易引起脱羧、聚合等副反应，故反应温度一般要控制在 150～170℃左右。

3. 仪器与试剂

1）仪器

100mL、250mL 三口烧瓶；空气冷凝管；直形冷凝管；烧杯；量筒；布氏漏斗；抽滤瓶；表面

---

① 碱性催化剂通常用相应酸酐的羧酸钠或钾盐，由于催化剂的碱性较弱，因此反应时间较长，反应温度较高。而缩合产物在高温下易发生脱羧反应，故反应产率不高。但反应的原料价廉易得，因此在工业上仍有应用价值。

皿;水蒸气发生器;温度计;蒸馏头;接引管;梨形瓶;数字熔点仪;真空泵。

2) 试剂

苯甲醛 5.2g(5mL,0.05mol);醋酸钾(无水)3g(0.032mol);乙酸酐 8.1g(7.5mL,0.08mol);饱和碳酸钠溶液 80mL;碳酸钠;活性炭;浓盐酸。

4. 实验步骤

如图 2-39 安装肉桂酸的制备装置。

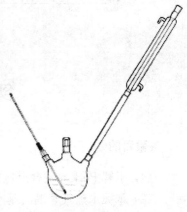

在干燥的 100mL 三口烧瓶中,加入 3g 无水醋酸钾①、7.5mL乙酸酐②和5mL苯甲醛③(本反应为忌水反应,所用仪器需无水),充分振荡混合均匀,投入 2~3 粒沸石,中口塞上塞子,两侧口分别装上空气冷凝管和250℃温度计,温度计的水银球应浸入反应液中,但不要碰瓶壁。在石棉网上小火加热④回流 1h,反应液温度控制在 150~170℃。

反应结束后,稍冷,趁热将反应混合物倒入 250mL 的三口烧瓶中,用少量沸水冲洗反应瓶合并入 250mL 的三口烧瓶中。在振荡下慢慢分批加入饱和碳酸钠溶液⑤约 80mL(有大量的 CO_2 气体产生),调节反应液的 pH8~9,加入半匙活性炭,按图 2-21 安装水蒸气蒸馏装置,进行水蒸气蒸馏,蒸出未

图 2-39　制备肉桂酸的装置图

反应的苯甲醛,直至馏出液无油珠澄清为止。趁热进行抽滤,滤液转移到烧杯中,冷却至室温,在搅拌下小心慢慢地加入浓盐酸约 20mL(不易过快,否则晶型过细,且有大量的气泡产生,导致冲料),中和至溶液 pH2~3。冷却至室温,待结晶析出后抽滤,用少量冷水洗涤,得白色肉桂酸。将产品放在一干净的表面皿上,自然晾干、称重、计算产率。

肉桂酸为白色片状晶体,mp133℃,bp300℃,d_4^{20}1.245。

纯肉桂酸的标准红外光谱如图 2-40 所示。

讨论与思考

(1) 本实验为什么要用空气冷凝管作为回流冷凝管?

(2) 在水蒸气蒸馏之前,为什么要使反应液碱化?能否用氢氧化钠代替碳酸钠中和反应混合物?

(3) 水蒸气蒸馏除去什么物质?

---

① 醋酸钾也可用等摩尔的无水醋酸钠或无水碳酸钾代替。

② 乙酸酐久置后会吸水和水解为乙酸。故实验前要重新蒸馏,收集 137~140℃的馏分。

③ 苯甲醛久置后会氧化为苯甲酸,故实验前要重新蒸馏。

④ 开始加热不要过猛,以防醋酸酐受热分解而挥发,白色烟雾不要超过空气冷凝管高度的 1/3。反应温度不宜过高,如反应温度过高(200℃左右),会生成树脂状物质。

⑤ 此时不能用氢氧化钠代替碳酸钠,否则会发生坎尼扎罗反应,使未反应的苯甲醛变为苯甲酸,影响产品质量。

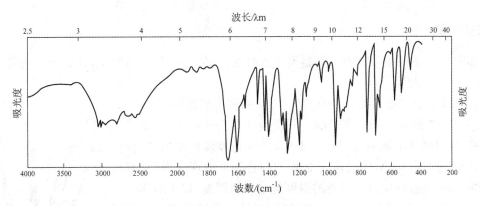

图 2-40　肉桂酸的标准红外光谱

实验 17　对硝基苯甲酸的制备

1. 实验目的

（1）学习用重铬酸钾-硫酸氧化芳环侧链制备芳香酸的原理和方法。
（2）掌握搅拌装置的安装及使用方法。

2. 实验原理

用强氧化剂氧化芳环侧链是制备芳香酸的常用方法。常用的氧化剂有：重铬酸钠/H^+、高锰酸钾/OH^-和浓硝酸等。

烷基芳香化合物氧化的一个主要特征是：无论烷基链有多长，只要含有 α-H 存在，均可得到相应的芳甲酸。若无 α-H 存在，则一般很难氧化。有时极强的氧化剂可使该化合物氧化，但结果是使芳环破裂。

$$\underset{NO_2}{\underset{|}{\overset{CH_3}{\overset{|}{\bigcirc}}}} + K_2Cr_2O_7 + 4H_2SO_4 \longrightarrow \underset{NO_2}{\underset{|}{\overset{COOH}{\overset{|}{\bigcirc}}}} + Cr_2(SO_4)_3 + K_2SO_4 + H_2O$$

氧化反应为强烈放热反应，为控制反应，浓硫酸需以滴加的方式加入。对硝基甲苯、对硝基苯甲酸均微溶于水，本反应为非均相反应，故需采用搅拌装置。

3. 仪器与试剂

1）仪器

100mL 三口烧瓶；球形冷凝管；滴液漏斗；烧杯；量筒；布氏漏斗；抽滤瓶；表面皿；温度计；电动搅拌器；真空泵。

2）试剂

对硝基甲苯 2g（0.015mol）；5％氢氧化钠溶液 25mL；重铬酸钾 6g（0.02mol）；15％硫酸；浓硫酸 18.4g（10mL，0.18mol）。

4. 实验步骤

如图 2-41 安装实验装置。调整搅拌器的轴和搅拌棒在同一直线上,并试验电动搅拌器运转情况,通入冷却水。

在三口烧瓶中加入 2.0g 对硝基甲苯,6g 重铬酸钾和 10mL 水,在滴液漏斗中放入 10mL 浓硫酸。开动搅拌器快速搅拌,待重铬酸钾溶解后(对硝基甲苯不溶解),以 1～2 滴/s 速度滴加浓硫酸,反应很快开始,并强烈放热,当反应混合物的颜色逐渐变深变黑时,减慢浓硫酸的滴加速度,保持反应液的温度低于沸腾温度,以免对硝基甲苯挥发凝结在冷凝管内壁上或造成冲料(必须严格控制滴加浓硫酸的速度,滴加速度不易过快,也不易过慢①)。

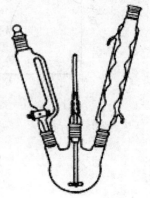

图 2-41 制备对硝基苯甲酸的装置

硫酸滴加完毕后,关闭漏斗的旋塞或换上空心塞,在石棉网上用小火加热,继续搅拌使反应混合物缓缓沸腾②回流 30min。反应过程中冷凝管中可能有白色针状的对硝基苯甲酸析出,这时可适当关小冷却水或放尽冷凝管中的水,使它慢慢受热后熔融回入烧瓶中。

反应结束后,停止加热,冷却至室温,将反应混合物慢慢地倒入盛有 25mL 冷水 250mL 烧杯中,用少量水将烧瓶中、搅拌棒上的固体转移完全,减压抽滤,压碎粗产物,抽干,滤饼用少量水多次洗涤至滤液为淡绿色②,得粗产物对硝基苯甲酸。

将粗产物放入 50mL 小烧杯中,加入 25mL 5% 氢氧化钠溶液,温热(不要超过 60℃)使其溶解③,冷却到 50℃ 左右趁热抽滤④,在搅拌下将此滤液慢慢地倒入 20mL 15% 硫酸溶液中⑤,使溶液应呈酸性,此时即有浅黄色沉淀析出。冷却至室温,减压抽滤,用少量水洗涤滤饼,压紧抽干,取出产品,放在干净的表面皿上晾干⑥,称量,计算产率。

纯对硝基苯甲酸是浅黄色针状晶体,mp242℃。纯对硝基苯甲酸的标准红外光谱图如图 2-42 所示。

讨论与思考

(1) 加入硫酸的速度为什么不宜过快?

---

① 氧化是放热量很大的反应,浓硫酸加入后即开始进行,且很快升温。此时,反应物沸腾会使对硝基甲苯挥发而逸出,从而造成产率下降。因此,应控制滴加浓硫酸的速度。

② 此时洗涤可以除去夹杂在固体间的铬盐,但包含在固体内部的铬盐要用碱液处理后除去。

③ 溶液中的不溶物为氢氧化铬和未反应的对硝基甲苯。

④ 对硝基苯甲酸在碱液中生成可溶的钠盐,与此同时,铬盐会变成不溶的氢氧化铬,后者可经过滤除去。但由于氢氧化铬在碱溶液中存在下列平衡:

$$Cr(OH)_3 + NaOH \underset{50℃}{\rightleftharpoons} NaCrO_2 + 2H_2O$$

生成的 $NaCrO_2$ 溶于冷水,因此宜在 50℃ 时抽滤。否则对硝基苯甲酸钠酸化后的晶体带有绿色,这实际上是产物中含有 Cr^{3+} 的缘故。未反应的对硝基甲苯(mp54℃)也可在这一步除去。

⑤ 注意不能将酸加到滤液中,否则生成的沉淀会包含滤液影响产物的纯度。

⑥ 产品干燥后可用升华法精制。

（2）粗制的对硝基苯甲酸可能含有哪些杂质？如何除去？

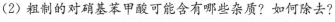

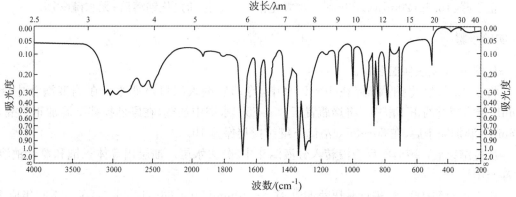

图 2-42　对硝基苯甲酸的标准红外光谱

实验 18　2-乙基-2-己烯醛的制备

1. 实验目的

（1）学习羟醛缩合制备 α,β-不饱和醛的原理和方法。

（2）掌握减压蒸馏的基本操作及其应用。

2. 实验原理

含有 α-氢的醛在稀碱催化下，一分子醛的 α-氢原子加到另一分子醛的羰基氧原子上，而其余部分则加到羰基的碳原子上，生成 β-羟基醛，该反应称羟醛缩合反应。β-羟基醛受热易脱水生成 α,β-不饱和醛。2-乙基-2-己烯醛是由正丁醛在稀氢氧化钠催化下，通过羟醛缩合反应来制备的。

主反应：

$$2CH_3CH_2CH_2CHO \xrightarrow{\text{稀 NaOH}} CH_3CH_2CH_2\underset{\underset{CH_2CH_3}{|}}{CH}\underset{}{\overset{\overset{OH}{|}}{-}CH}-CHO$$

$$\xrightarrow[\triangle]{-H_2O} CH_3CH_2CH_2CH=\underset{\underset{CH_2CH_3}{|}}{C}-CHO$$

副反应：氧化和树脂化反应。

3. 仪器与试剂

1）仪器

100mL 三口烧瓶；球形冷凝管；直形冷凝管；滴液漏斗；烧杯；量筒；温度计；电动搅拌器；减压蒸馏装置；多头接引管；克氏分馏头。

2）试剂

正丁醛：16.3g(20mL，0.23mol)；氢氧化钠：0.4g；饱和氯化钠溶液；无水硫酸镁。

4. 实验步骤

如图 2-41 安装实验装置。

将 0.4g 氢氧化钠[①]溶解在 10mL 水中，冷却后倒入三口烧瓶中。在滴液漏斗中倒入 20mL 新蒸馏过的正丁醛[②]。将烧瓶置于 80～85℃水浴中加热，在剧烈搅拌下滴加正丁醛，约 30min。滴加完毕后，在 80～85℃浴温下继续搅拌保温 1h。

反应结束后，冷却，将反应液转入分液漏斗中，分去水层。油层用等体积饱和氯化钠溶液洗涤至中性。

用无水硫酸镁干燥，进行减压蒸馏[③]，在 5～10mmHg(0.66～1.32kPa)压力下收集成 2℃ 范围的稳定馏分。

2-乙基-2-已烯醛为无色液体。bp174.5℃/100kPa、60～62℃/1.3kPa、37～39℃/0.4kPa、d_4^{20}0.848

讨论与思考

（1）反应中氢氧化钠起什么作用？氢氧化钠用量过多有什么不好？

（2）反应中为什么要不断地充分搅拌？

（3）为何要采用减压蒸馏方法来提纯 2-乙基-2-已烯醛？

实验 19　α-苯乙醇的制备

1. 实验目的

（1）了解金属氢化物——氢化硼钾还原醛酮的原理和方法。

（2）熟悉搅拌装置的安装及使用。

2. 实验原理

金属氢化物是还原醛、酮制备醇的重要化学还原剂。常用的金属氢化物有氢化铝锂和氢化硼钾（钠）。本实验利用氢化硼钾作还原剂还原苯乙酮制备 α-苯乙醇。

氢化硼钾还原能力较氢化铝锂弱，对水、醇稳定，且溶于水或醇使反应可在水溶液中进行，但氢化硼钾遇酸易分解，故需加入少量碱，使反应体系保持弱碱性。

主反应：

---

① 氢氧化钠溶液需要新配配制，否则影响催化活性。
② 正丁醛易被空气氧化，放置已久的正丁醛，使用前必须重新蒸馏，否则影响产率。
③ 2-乙基-2-已烯醛易被氧化，常压蒸馏产品常呈淡黄色，而且易树脂化。

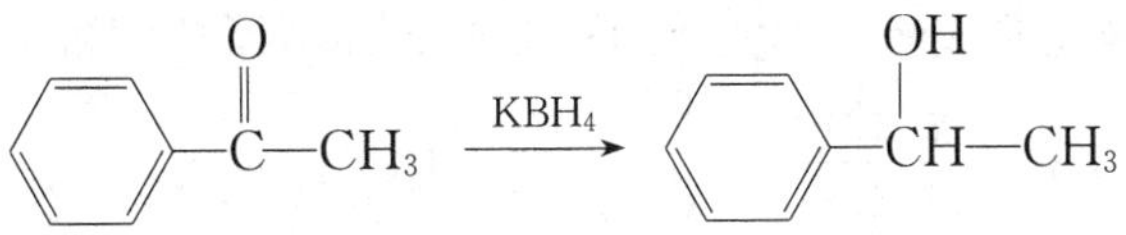

$$\underset{}{\overset{O}{\underset{\parallel}{C}}}-CH_3 \xrightarrow{KBH_4} \underset{\underset{}{CH}}{\overset{OH}{|}}-CH_3$$

3. 仪器与试剂

1) 仪器

100mL 三口烧瓶;球形冷凝管;直形冷凝管;滴液漏斗;烧杯;量筒;温度计;电动搅拌器;接引管;蒸馏头。

2) 试剂

氢化硼钾 5g(0.09mol);苯乙酮 22.6g(22mL,0.19mol);氢氧化钠 0.6g;20％硫酸溶液;饱和食盐水;无水硫酸镁。

4. 实验步骤

如图 2-41 所示安装实验装置。在三口烧瓶内加入 22mL 苯乙酮和 18mL 水,滴液漏斗中加入 40mL 氢化硼钾水溶液(0.3g 氢氧化钠加入 38mL 水溶解后,加入 5g 氢化硼钾,搅拌使其溶解①),快速搅拌下,滴加氢化硼钾水溶液,水浴加热温度控制在 15～20℃。滴加完毕后,于 20～30℃ 浴温下继续搅拌 1h。反应结束后,慢慢滴加 20mL 20％硫酸溶液②,中和至弱酸性。静止分层,分去水层③,油层用 20mL 饱和食盐水洗涤两次,尽量分去水层。粗产物用无水硫酸镁干燥,蒸馏收集 201～204℃的馏分。

α-苯乙醇为无色液体,bp203.4℃,94℃/116kPa

讨论与思考

(1) 硫酸溶液分解反应物时,为什么要慢慢地加入?

(2) 配制硼氢化钾溶液时,加入少量碱的目的是什么?

实验 20　苯甲醇和苯甲酸的制备

1. 实验目的

(1) 学习利用 Cannizzaro 反应由苯甲醛制备苯甲醇和苯甲酸的原理和方法。

(2) 复习巩固有机化学实验基本操作:回流、蒸馏、萃取和洗涤、重结晶、减压抽滤、电动搅拌等。

2. 实验原理

Cannizzaro 反应是指无 $\alpha-H$ 的醛在浓的强碱溶液作用下发生歧化反应:一部分醛氧化

---

① 氢化硼钾遇酸易分解,反应需在弱碱性下进行。

② 加入 20％硫酸溶液进行分解时,有氢气放出,应慢慢地加入。

③ 为了尽量分去水分,分离前,静置时间应适当长些。

成羧酸,另一部分醛则被还原成醇。本实验通过 Cannizzaro 反应制备苯甲酸和苯甲醇。

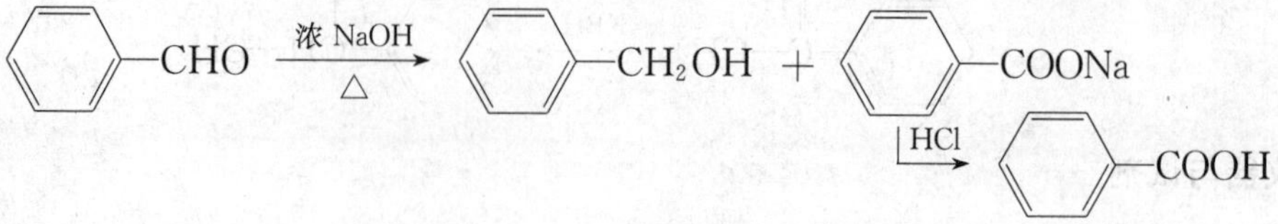

$$\text{C}_6\text{H}_5\text{—CHO} \xrightarrow[\triangle]{\text{浓 NaOH}} \text{C}_6\text{H}_5\text{—CH}_2\text{OH} + \text{C}_6\text{H}_5\text{—COONa} \xrightarrow{\text{HCl}} \text{C}_6\text{H}_5\text{—COOH}$$

3. 仪器与试剂

1) 仪器

100mL 三口烧瓶;球形冷凝管;直形冷凝管;分液漏斗;烧杯;量筒;温度计;电动搅拌器;接引管;蒸馏头。

2) 试剂

苯甲醛 12.5g(12mL,0.12mol);氢氧化钠 9g(0.225mol);浓盐酸;饱和亚硫酸氢钠;乙醚 30mL10%碳酸钠溶液;无水碳酸钾。

4. 实验步骤

取一个100mL三口烧瓶安装搅拌回流装置(玻璃接口处需涂上凡士林[①])。在烧瓶内加入 40mL20% 的 NaOH 溶液,12mL 苯甲醛,开动搅拌器,在快速搅拌下,小火加热回流,待反应混合物变为透明时(约 30~40min),继续加热回流 5min,停止加热。从冷凝管的上端加入 15mL 水,用冷水浴冷却反应液至室温[②]。

1) 苯甲醇的制备

将上述所得反应液倒入分液漏斗中,用 30mL 乙醚分三次(每次 10mL)萃取水相中的苯甲醇(保存萃取后的水溶液),每次萃取时应注意轻摇,放气。合并三次的乙醚萃取液,倒入分液漏斗中,用 5mL 饱和亚硫酸氢钠溶液洗涤,以除去其中未反应的苯甲醛。然后依次用 10mL10%碳酸钠溶液和 10mL 水洗涤,除去残余的亚硫酸氢钠。用无水硫酸镁干燥。

将干燥的乙醚溶液倒入 50mL 的烧瓶中,安装一套蒸馏装置,通入冷却水。用 70℃ 左右的热水加热蒸馏(注意:乙醚易燃,不能用明火加热)。当乙醚的蒸出速度较慢时,改用沸水蒸馏,直至蒸不出乙醚为止。撤除水浴,将蒸出的乙醚倒入回收瓶中。擦干圆底烧瓶底部,在石棉网上用小火继续加热蒸出残余的乙醚。当温度上升至 100℃ 左右时,停止加热,稍冷后换上空气冷凝管,继续加热蒸馏,收集 198~206℃ 的馏分。

纯苯甲醇为无色液体,bp205.4℃ $d_4^{20}1.045$ $n_D^{20}1.5396$。纯苯甲醇的标准红外光谱如图 2-43 所示。

2) 苯甲酸的制备

在 400mL 烧杯中,加入 100mL 水和 40mL 浓盐酸,将上述萃取后的水溶液在搅拌下慢慢

---

① 本反应在强碱性条件下进行,为防止玻璃被浓碱腐蚀而粘牢,在烧瓶与冷凝管或空心塞接口处应涂一层凡士林。

② 反应液必须冷透。如反应液温热时,就用乙醚萃取,振荡会使乙醚强烈挥发,分液漏斗内压力骤增,使具有强腐蚀性的强碱性水溶液冲出,造成伤害事故。

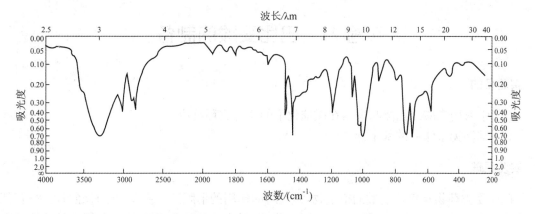

图 2-43　苯甲醇的标准红外光谱

地倒入稀盐酸,调节溶液 pH 呈强酸性。冷却至室温①,抽滤,滤饼用少量水洗涤两次,抽干,得白色粗苯甲酸。粗苯甲酸可用水为溶剂进行重结晶。

纯苯甲酸为无色针状结晶,mp122.4℃,在 100℃升华,微溶于水,易溶于醇、醚、氯仿、苯等。纯苯甲酸的标准红外光谱如图 2-44 所示。

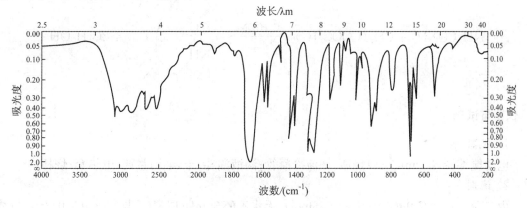

图 2-44　苯甲酸的标准红外光谱

讨论与思考

(1) 在合成反应进行到苯甲醛油层消失,反应液由混浊变透明时,表示反应已经完成,为什么?

(2) 用饱和亚硫酸氢钠溶液洗涤产物中什么杂质? 如何除去这种杂质?

---

① 如不冷至室温,部分苯甲酸溶于水中,而使产率下降。
苯甲酸在水中的溶解度如下:

温度/℃	10	20	80	90	95
溶解度/g	0.21	0.29	2.75	4.55	6.8

实验 21　巴比妥酸的制备

1. 实验目的

(1) 学习丙二酸二乙酯与尿素在碱催化下的缩合成环反应。
(2) 掌握无水体系的基本操作。

2. 实验原理

巴比妥类药物是巴比妥酸的衍生物,是长时间作用的催眠药。主要用于神经过度兴奋、狂躁或忧虑引起的失眠。巴比妥酸本身无医疗作用,只有活泼亚甲基上的两个氢原子被烃基取代后,才呈现药理活性。

巴比妥酸(barbituric acid)是由丙二酸二乙酯和尿素反应,脱去两分子乙醇制得。这个反应并没有涉及丙二酸二乙酯上活泼亚甲基的反应,而是一个碱催化的亲核取代反应。反应式为:

$$NH_2CONH_2 + CH_2(COOC_2H_5)_2 \xrightarrow{C_2H_5ONa} \quad + 2C_2H_5OH$$

3. 仪器与试剂

1) 仪器
电动搅拌器;100mL 三口烧瓶;回流冷凝管;滴液漏斗;干燥管;量筒;电热套;烧杯。

2) 试剂
丙二酸二乙酯 6.9g(6.5mL,0.043mol);无水乙醇 30mL;尿素(干燥)2.5g(0.043mol);浓盐酸;钠 1g(0.043mol);无水 $CaCl_2$。

4. 实验步骤

取一干燥的 100mL 三口烧瓶安装带有干燥管的搅拌滴加回流装置[1](干燥管内加入块状无水氯化钙[2])。

在烧瓶中加入 30mL 无水乙醇[3]及 1g 洁净的金属钠片[4],在滴液漏斗中倒入 6.5mL 丙二酸二乙酯。开动搅拌器,待金属钠完全溶解后,加入 2.5g 干燥的尿素[5],用电热套加热回流使

---

[1]　本实验中所用仪器均需彻底干燥,所用试剂应保证无水。

[2]　干燥管内氯化钙颗粒度要稍大一点,不能太小,否则影响通大气。

[3]　由于无水乙醇有很强的吸水性,故操作及存放时,必须防止水分侵入。无水乙醇是金属钠处理过的,用适量金属钠完全溶解于无水乙醇后,再将乙醇蒸出。

[4]　取用金属钠时需用镊子,先用滤纸吸去沾附的油后,用小刀切去表面的氧化层,再切成小条。切下来的钠屑应放回原瓶中,切勿与滤纸一起投入废物缸内,并严禁金属钠与水接触,以免引起燃烧爆炸事故。

[5]　尿素需在 60℃干燥 4h。

尿素溶解,当反应液澄清透明时,滴加丙二酸二乙酯。滴加完毕,继续回流反应 2.5h,有沉淀析出。冷却、抽滤、回收乙醇滤液。将滤饼溶于 40mL 水中,在搅拌下,加入浓盐酸,调节溶液呈强酸性后,加热煮沸 30min。冷却、抽滤、用 10mL 水洗涤、抽干,将结晶置于表面皿上,真空干燥,得到白色的巴比妥酸。

巴比妥酸(barbituric acid):mp248℃(部分分解),bp260℃(分解)。白色或粉红色结晶体或结晶性粉末。空气中易风化,易溶于热水、稀酸,能溶于乙醚,难溶于冷水、乙醇。

讨论与思考

(1) 为什么在加热回流和蒸馏时冷凝管的顶端要装置氯化钙干燥管?

(2) 工业上怎样制备无水乙醇(99.5%)?

(3) 本实验用水洗涤晶体的目的是什么?

实验 22　微型反应——乙酰水杨酸的制备

1. 实验目的

(1) 学习用乙酸酐作酰基化试剂酰化水杨酸制乙酰水杨酸的方法。

(2) 学习微型合成技术。

(3) 进一步熟练重结晶等技术。

2. 实验原理

乙酰水杨酸,通常称为阿斯匹林(Aspirin),是一种广泛使用的具解热、镇痛、治疗感冒、预防心血管疾病等多种疗效的药物。人工合成它已有百年,由于价格低廉、疗效显著,且防治疾病范围广,因此至今仍被广泛使用。

乙酰水杨酸是由水杨酸(邻羟基苯甲酸)和乙酸酐合成的。反应时用硫酸或磷酸作为催化剂,用酸作为催化剂的另一个目的是它可以破坏水杨酸分子内羧基和羟基形成的氢键,促使反应的进行:

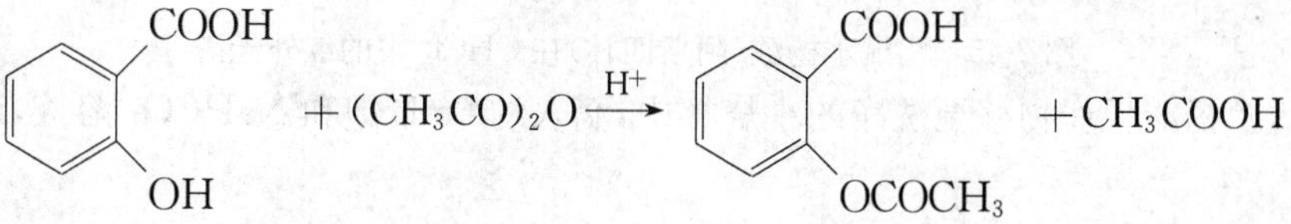

由于水杨酸是一个具有酚羟基和羧基的双官能团化合物,能进行两种不同的酯化反应。除发生上述的酰基化反应,在酸存在下水杨酸分子之间会发生缩合反应,生成少量的聚合物:

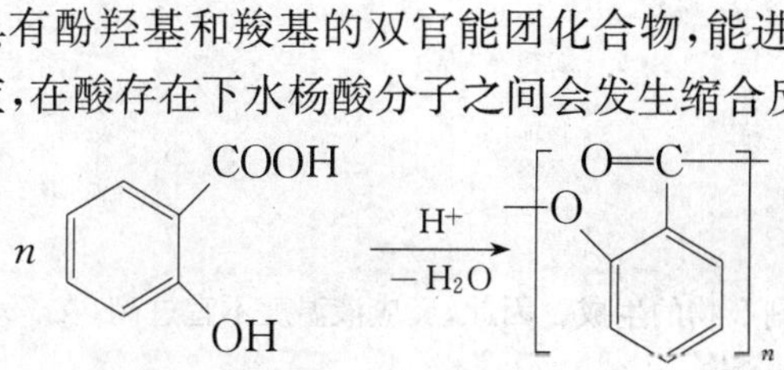

该聚合物不溶于 $NaHCO_3$ 溶液,而乙酰水杨酸可与 $NaHCO_3$ 生成可溶性钠盐,可借此将聚合物与乙酰水杨酸分离。

最终产物中的杂质可能存在水杨酸本身,这是由于乙酰化反应不完全或由于产物在分离步骤中发生水解造成的。它可以在纯化过程和产物的重结晶过程中被除去。由于少量没有反应的原料水杨酸极易溶于水(1g 水杨酸可溶于 460mL 水中),通过抽滤可将之除去。

3. 仪器与试剂

1)仪器

5mL 圆底烧瓶;1mL 移液管;胶头滴管;回流冷凝管;小烧杯;普通漏斗。

2)试剂

水杨酸 0.3g(2.17mmol);浓硫酸;乙酸酐 0.3g(0.7mL,8.55mmol);浓盐酸;饱和碳酸氢钠水溶液。

4. 实验步骤

在一干燥的 5mL 圆底烧瓶中加入 0.3g 水杨酸[①],用 1mL 的移液管移入 0.7mL 乙酸酐[②],再滴入 1 滴浓硫酸。装上回流冷凝管,用橡皮筋将圆底烧瓶和冷凝管固定,安装在铁架台上。用水浴加热、磁力搅拌,于 80～85℃[③]保温 15min。

将反应液趁热倒入盛有 5mL 水的小烧杯中,用约 5mL 热水洗涤烧瓶,将洗涤液并入小烧杯中,用冰水冷却,使结晶完全析出[④](如结晶难析出,可采用晶种法,或诱导结晶法)。抽滤,用少量冰水洗涤两次[⑤],得乙酰水杨酸粗产物。

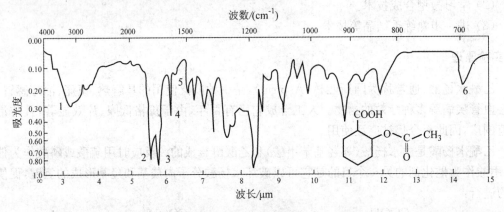

图 2-45　乙酰水杨酸(阿斯匹林)在 CHCl₃ 中的红外光谱

将乙酰水杨酸粗产物移至洗净的小烧杯中,滴入约 5mL 饱和 NaHCO₃ 溶液,调至 pH8～

---

① 水杨酸必须是干燥的。

② 乙酸酐应是新蒸的。

③ 反应温度高,会增加副产物的生成。因此,反应液温度不宜过高,在 75～80℃ 左右进行比较合适,也就是说水浴温度应控制在 80～85℃。

④ 开始在水底是油珠样的油层,随着乙酸酐从油层中逸出并溶进水里,结晶逐渐析出。

⑤ 由于乙酰水杨酸微溶于水,洗涤时用水量要少些,温度要低些,以减少乙酰水杨酸的损失。

9,再搅拌,直至无 CO_2 气泡产生[①]。抽滤,用少量冰水洗涤,将洗涤液与滤液合并,弃去滤渣。

在上述滤液中慢慢滴加 15% 盐酸溶液(约 2~3mL),调节溶液呈酸性。用冰水冷却至结晶完全、抽滤、冷水洗涤,干燥、称重、计算产率。

乙酰水杨酸的 mp 134~136℃[②],微溶于水,易溶于乙醇和乙醚。

纯乙酰水杨酸的标准红外光谱如图 2-45 所示。

讨论与思考

(1) 用 $NaHCO_3$ 中和后抽滤,滤渣是什么?

(2) 如何检验乙酰水杨酸中是否含有水杨酸?

实验 23　微波辐射合成查尔酮

1. 实验目的

(1) 了解利用微波辐射合成有机化合物的原理和方法。

(2) 掌握微波辐射下查尔酮的制备方法。

2. 实验原理

微波是频率大约在 300MHz~300GHz,即波长在 1 000~1mm 范围内的电磁波,它位于电磁波谱的红外光波和无线电波之间。在 20 世纪 60 年代,N. H. Williams 就曾经报道了用微波加速某些化学反应的研究结果,但在化学合成中应用微波技术则直到 20 世纪 80 年代初期才开始。Gedye 和 Smith 等通过比较常规条件与微波辐射条件下进行酯化、水解、氧化等反应,发现在微波辐射下,反应得到了不同程度的加快,而且有的反应速度被加快了几百倍。至今,应用微波促进有机合成反应已经越来越被化学界人士所看好,而且形成了一门备受关注的领域——MORE 化学(Microwave—Induced Organic Reaction Enhancement Chemistry)。

微波技术应用于有机合成反应,反应速度较常规方法相比有的能加快数倍、数十倍,有些反应更能加速数百倍甚至数千倍。为什么微波有如此大的效果呢? 至今尚没有一个严谨的理论能很好地解释微波反应的机理,目前化学界存在着两种观点:

一种观点认为:虽然微波是一种内加热,具有加热速度快、加热均匀无温度梯度、无滞后效应等特点,但微波应用于化学反应仅仅是一种加热方式,与传统加热反应并无区别。他们认为微波应用于化学反应的频率 2 450MHz 属于非电离辐射,在与分子的化学键共振时不可能引起化学键断裂,也不能使分子激发到更高的转动或振动能级。微波对化学反应的加速主要归结为对极性有机物的选择加热,即微波的致热效应。

另外一种观点则认为:微波对化学反应的作用,一是使反应物分子运动剧烈,温度升高;二

---

① 用 $NaHCO_3$ 饱和溶液中和后搅拌要彻底,使包在副产物聚合物中的乙酰水杨酸被溶解掉,以免产物损失。

② 乙酰水杨酸受热易分解,熔点不明显,分解温度为 128~135℃。

是微波场对离子和极性分子的洛仑兹力作用使得这些粒子之间的相对运动具有特殊性,且与微波的频率、温度及调制方式的密切相关,因而微波加速化学反应的机理非常复杂,存在致热和非致热两重效应。国内外也有许多报道证明了这一观点,1996年,C. Shibata等通过对乙酸甲酯的水解动力学进行研究,发现微波能降低该反应的活化能,加快水解反应速度。

微波加热的操作方法大致有三种:密封管加热法、连续流动法及敞开法。密封管加热法是指反应在密封管或带有螺旋盖的压力管子内进行,该法的缺点是高温高压易爆炸;连续流动法是先将反应物盛在储存器中,再用泵打入装在微波炉内的蛇形管中,经微波辐射后送到接受管;敞开法是最为方便的一种方法,但该法一般只局限于无溶剂操作,可选择有固体和液体共同参与的反应,也可以将反应物先浸渍在氧化铝、硅胶等多孔无机载体上,干燥后置于微波炉内加热,后者称干介法。

综上所述,微波具有清洁、高效、耗能低、污染少等特点,它不仅开辟了有机合成的一个新领域,同时也广泛地应用于其他化学领域中,如微波脱附、干燥、微波溶样、微波净化、微波中药提取等。随着微波技术的不断成熟,微波在有机合成方面乃至整个化学领域都将有着无法估量的前景。

3. 反应原理

无 α-氢的芳醛与有 α-氢醛或酮在碱的作用下可发生交叉羟醛缩合,失水后得到 α,β-不饱和醛或酮的反应称为 Claisen-Schmidt 缩合反应,

主反应:

副反应:苯甲醛的歧化反应。

4. 仪器与试剂

1) 仪器

微波合成仪;三口烧瓶;滴液漏斗;球形冷凝管;布氏漏斗;抽滤瓶;三口支管。

2) 试剂

苯乙酮 4.3g(4.2mL,0.034mol);苯甲醛 4.2g(4mL,0.04mol);氢氧化钠,2.2g(0.055mol);95%乙醇 30mL。

5. 实验步骤

将 2.2g 氢氧化钠溶解在 10mL 水中,冷却后倒入 100mL 三口烧瓶中,加入 20mL 乙醇摇匀,再加入 4.2mL 苯乙酮,安装微波搅拌装置,用冰浴冷却。在滴液漏斗中倒入 4.0mL 苯甲醛与 10mL 乙醇的混合溶液,开启搅拌。

微波合成仪的反应参数设置:在开门状态下,设置预定方案。

1) 按"预置"键

当"工步"为"1"时,根据光标的闪动,依次设定反应温度为 30℃(按 0、3、0)反应时间为 15min(按 0、1、5)、微波功率为 200W(按 2,在功率表处有功率大小的显视)。

2) 按"确定"键二次

仪器上会显示刚才设置的数据,检查所设置的数据正确后,再按一次"确定"键,当"方案"处的光标闪动时(约需几秒钟),关门,按"运行"键①,微波合成仪开始运行。

以 1 滴/s 的速度滴加苯甲醛的乙醇溶液,反应结束后,按"停止"键,打开微波合成仪的门,取出反应烧瓶,减压抽滤,尽量抽干母液,用水洗涤滤饼至滤液为中性,取出产物,放在干净的表面皿上晾干,得到淡黄色的固体查尔酮。

讨论与思考

(1) 用微波技术来合成有机化合物的优点是什么?
(2) 本反应中滴加苯甲醛的目的何在?

实验 24　7,7-二氯双环[4.1.0]庚烷的制备

1. 实验目的

(1) 了解相转移催化反应原理。
(2) 了解卡宾的生成及加成反应原理。

2. 实验原理

碳烯又称卡宾(:CH$_2$ 或 :CR$_2$)和二氯碳烯(:CCl$_2$),是非常活泼物的活性中间体,因为碳烯的碳价电子层只有 6 个电子,不足 8 个,因此碳烯是一个强的亲电试剂,可与烯烃或炔烃发生加成反应,生成三元环状化合物。

二氯碳烯通过由氯仿和强碱反应来制备:

$$HCCl_3 + NaOH \Longleftrightarrow {}^-:CCl_3 \xrightarrow{-Cl^-} :CCl_2$$

二氯碳烯与环己烯作用,即生成 7,7-二氯二环[4.1.0]庚烷。

因为 50%氢氧化钠水溶液在水相而氯仿在有机相,两者无法充分混合产生碳烯。这种非均相反应,由于反应物之间接触概率较少,通常反应速度慢、产率低、有些甚至不进行反应。若利用相转移催化反应(PTC)——加入一种催化剂,将反应物之一由原来所在的一相穿过两相之间的界面转移到另一个反应物所在的另一相中,使两种反应物在均相中反应,从而可使反应在温和的条件进行,且产率高。

相转移催化剂主要分为两类:①季铵盐类——溴化三乙基苄基铵、溴化四乙基铵等;②冠醚类——18-冠醚-6。

---

① 反应中如遇不正常情况,需停止反应时,应选按"停止"键,过 10s 后再打开微波合成仪的门,切不可边运行边开门,以防漏波造成对身体的伤害。

相转移催化反应过程示意图如下：

$$水相\quad (C_2H_5)_4N^+Br^-+NaOH \rightleftharpoons (C_2H_5)_4N^+OH^-+NaBr$$

$$有机相\quad (C_2H_5)_4N^+Cl^-+:CCl_2 \rightleftharpoons (C_2H_5)_4N^+CCl_3^-+H_2O$$

3. 仪器与试剂

1）仪器

100mL 三口烧瓶；球形冷凝管；直形冷凝管；锥形瓶；分液漏斗；烧杯；量筒；温度计；电动搅拌器；接引管；蒸馏头；分馏头。

2）试剂

环己烯 6.0g（7.5mL，0.1mol）；氯仿 29.7g（20mL，0.25mol）；三乙基苄基铵（TEBA）0.4g；氢氧化钠 16g（0.4mol）；浓盐酸；无水硫酸镁。

4. 实验步骤

如图 2-46 用 100mL 三口烧瓶安装搅拌器回流装置（玻璃接口处需涂凡士林）。

在烧瓶中加入 7.5mL 环己烯，20mL 氯仿①，0.4gTEBA②。在小烧杯中配制 50％氢氧化钠水溶液：16gNaOH 和 16mL 水。开动搅拌器，在强烈搅拌下，从冷凝管的上方分 3～4 次慢慢加入氢氧化钠水溶液，滴加完毕，继续室温下搅拌，此时反应温度慢慢上升，反应液渐渐由灰白色变为黄棕色并伴有固体析出，如温度达不到，可用热水浴加热反应物。维持反应温度为 55～60℃③，搅拌回流 1h。反应结束后，将反应液冷至室温，在慢速搅拌下加入 50mL 水以溶解其中的盐（如盐未溶，可适当补加一些水）。把反应混合物倒入分液漏斗中，静止分液。收集下层的有机层，用 25mL16％盐酸溶液洗涤，再用 25mL 水洗涤两次，用无水硫酸镁干燥。

图 2-46　制备 7,7-二氧双环[4.1.0]庚烷装置

安装水浴加热简单蒸馏装置，将干燥油层倒入 100mL 的圆底烧杯中，投入 2～3 粒沸石，先蒸出氯仿，然后进行减压蒸馏。收集 79～80℃/1.999kPa（15mmHg）的馏分。或改用空气冷凝管进行常压蒸馏，收集 190～200℃的馏分。测定折射率，计算产率。

---

①　应当使用无乙醇的氯仿。普通氯仿为防止分解而产生有毒的光气，一般加入少量乙醇为稳定剂，在使用时必须除去。除去乙醇的方法是用等体积的水洗涤氯仿 2～3 次，用无水氯化钙干燥数小时后进行蒸馏。也可用 4A 分子筛浸泡过夜。

②　也可用其他相转移催化剂，如四乙基溴化铵、18-冠醚-6-等。

③　反应温度必须控制在 50～55℃，低于 50℃则反应不完全，高于 60℃反应液颜色加深，黏稠，产率低，原料或中间体卡宾均可能挥发损失。

纯 7,7-二氯双环[4.1.0]庚烷为无色液体,沸点 197～198℃n_D^{23}1.5014。

讨论与思考

实验中加入的少量 TEBA 起何作用?

实验 25　二苯乙烯基甲酮的制备

1. 实验目的

(1) 了解交叉羟醛缩合反应的原理及在合成上的应用。

(2) 掌握重结晶的用途及操作方法。

2. 实验原理

羟醛缩合分为自身缩合和交叉羟醛缩合两种。无 α-氢的芳香醛与有 α-氢的醛(酮)发生羟醛缩合,失水后得到 α,β-不饱和醛(酮),这种交叉的羟醛缩合称为 Claisen-Schmidt 反应。这是合成侧链上含两种官能团的芳香族化合物的重要方法。

主反应:

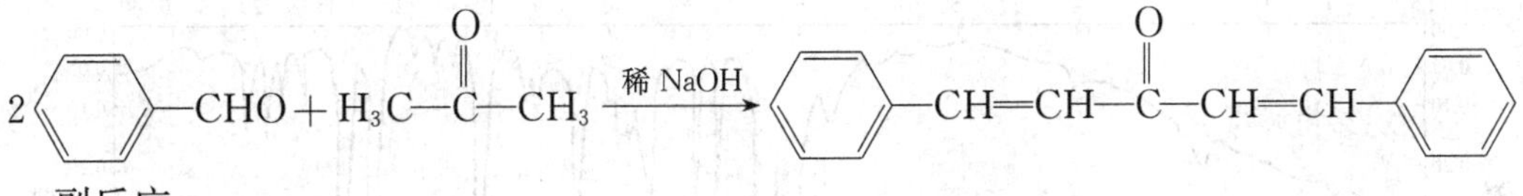

副反应:

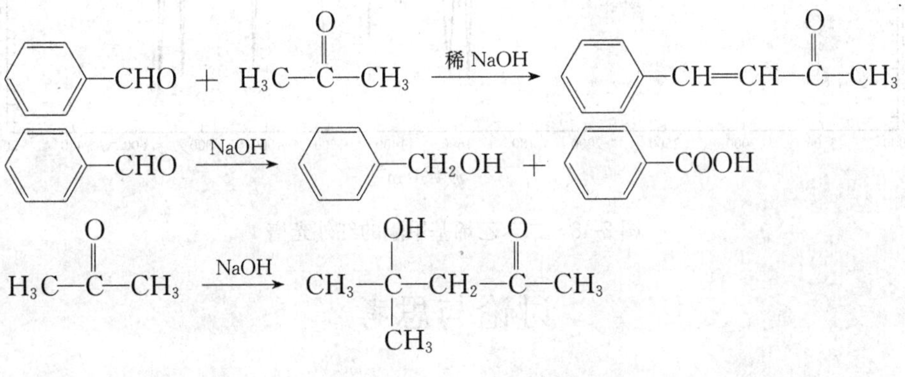

3. 仪器与试剂

1) 仪器

三口烧瓶;滴液漏斗;球形冷凝管;布氏漏斗;抽滤瓶;Y 型管。

2) 试剂

丙酮 0.79g(1mL,0.014mol);苯甲醛 3.12g(3mL,0.03mol);5%氢氧化钠 20mL;95%乙醇 40mL;浓 HCl。

4. 实验步骤

如图 2-47 所示，用 100mL 三口烧瓶安装搅拌器滴加回流装置（玻璃接口处涂凡士林）。

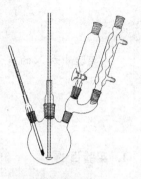

在烧瓶中放入 3mL 苯甲醛、1mL 丙酮和 22mL 95％乙醇。开动电动搅拌机混合，冷水浴冷却下，控制反应温度 10～15℃，以 1～2 滴/s 速度滴加 28mL 10％氢氧化钠溶液①，滴加完毕后，于 10～15℃保温反应 15min②。反应物起初是澄清均相的，几秒钟后变为乳状液体，不久有黄色固体颗粒产生。抽滤收集析出的固体产品，并用水洗涤（产品不溶于水），抽干水分。关闭抽滤，固体再用 0.5mL 冰醋酸和 15mL 95％乙醇配成的混合液洗涤，让其在布氏漏斗内静止 30s，再次抽滤，最后再用水洗涤一次，得黄色粉状固体。

图 2-47　制备二苯乙烯基甲酮的装置

将固体移至 50mL 锥形瓶中，分批加入无水乙醇（共约 12mL），水浴加热回流进行重结晶，待饱和溶液制得后再多加 2mL 无水乙醇③，冷却至室温④，产品呈淡黄色片状结晶。抽滤、用水洗涤，产品放在表面皿上，在烘箱内（50～60℃）干燥⑤、称重、计算产率。

二苯乙烯基甲酮又称双苄叉丙酮。纯二苯乙烯基甲酮为淡黄色片状晶体，mp 113℃（分解）。溶于乙醇、丙酮、氯仿，不溶于水。

二苯乙烯基甲酮的标准红外光谱如图 2-48。

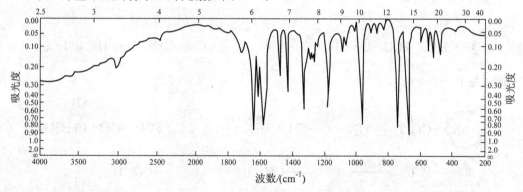

图 2-48　二苯乙烯基甲酮的红外光谱

讨论与思考

（1）在本反应的原料配比中，为何丙酮不易过量？

（2）反应温度过高对该反应有何影响？

---

① 氢氧化钠 10％是重量百分比。

② 缩合反应是一个放热反应，而丙酮沸点为 56.2℃。故不需加热并注意冷却，以免使缩合反应温度过高。

③ 若溶液颜色不是呈淡黄色而呈棕红色，可加少许活性炭脱色。

④ 结晶时的溶液一定要冷却到室温，否则产品有损失。

⑤ 烘干时注意温度宜控制在 50～60℃，以免产品熔化或分解。

2.3　有机化合物的性质验证实验

从自然界动植物体中提取得到的各种天然产物或者人工合成的化合物,需要鉴定其结构。鉴定化合物的结构有波谱分析法(如红外、核磁、元素分析等)和化学方法、两种方法相辅相成、互为补充和验证。化合物的定性分析包括确定化合物的物理常数、化学性质、所含的元素或官能团的种类等。对于需要鉴定的化合物可以分为两类:全新化合物,即化合物的结构完全未知。这类化合物在文献中未见报道,没有可供参考的信息。这时,应先作详细的定性分析(确定分子骨架、官能团、元素),再做定量分析,必要时借助波谱分析确定化合物的具体结构;另一类是文献中已报道过的化合物,它们的结构、物理常数、化学性质都已知,则只需要测定两三项物理常数,并与文献值作比较,若相符,则可确定其结构。注意,对于需要鉴定结构的未知物,必须是纯净的化合物,鉴定才有意义。

未知物鉴定的一般步骤:

(1) 初步观察:观察未知物的物态、颜色、气味等,对其作初步了解。

(2) 物理常数的测定:测定未知物的熔点、沸点、折射率、比旋光度、密度、溶解度。

(3) 元素定性分析:测定未知物中除碳、氢、氧外所含有的其他元素,以便确定未知物所属的范围。

(4) 溶解度试验:根据有机化合物在水、乙醚、5％氢氧化钠溶液,5％碳酸氢钠溶液,5％盐酸溶液和浓硫酸中的溶解度,初步判断它属哪一类化合物。

(5) 官能团鉴定:可以利用波谱方法和化学试验确定化合物中存在哪些官能团。

(6) 衍生物制备:根据上述试验结果,查阅有关文献,推断化合物的可能结构。为了进一步确认化合物的结构,选择适当的方法制备一个易于结晶的衍生物,根据它的熔点或者与已知化合物和混合熔点对"未知物"的结构作最后证实。

2.3.1　初步观察

初步观察是鉴定未知物时首先要进行的。利用灼烧试验判断未知物是否为有机化合物。观察未知物的颜色和气味,为进一步鉴定提供线索。

1) 灼烧试验

放置约 0.1g 样品于坩埚盖上,将坩埚盖放在三角架上,开始时缓慢加热,待燃烧发生后移去火源,观察燃烧现象。待火焰熄灭后继续加热至坩埚盖呈红热,观察现象。

(1) 样品是否熔融、碳化、升华或者爆炸。

(2) 样品是否燃烧,观察火焰的特性。样品燃烧为有机化合物,若有清亮的火焰表示是脂肪族化合物;如有浓烟,则是芳香族或者是不饱和化合物。

(3) 观察在燃烧过程中有无气体放出以及它们的颜色。

(4) 有无残渣存在,若有残渣,说明样品中含有金属原子,可按无机分析方法检验金属离子。

2) 观察颜色和气味

观察样品的颜色可以帮助我们判断它可能属于何种类型以及它是否纯净。硝基、亚硝基和 α-二酮显黄色。醌、偶氮化合物、共轭多烯烃(一般为四个或四个以上共轭双键)和共轭多酮类可能是黄到红色。大多数纯粹的有机化合物是无色的,有时由于放置时间过长而产生有色杂质,这时颜色显得不均匀,说明样品需要纯化。例如纯粹的酚和胺是无色的,微量的氧化产物能使它们的颜色呈浅红到深棕色。

气味也能帮助我们鉴定有机化合物,但是气味很难用文字说明,对于学生来说最好能记住一些常用有机化合物的气味。例如某些胺具有鱼腥或腐烂味;某些酯具有水果香味;硫醇、异腈、某些低分子量的羧酸和吡啶具有令人不愉快的臭味。

在测定未知物气味时,方法是在敞开的样品瓶口上用手搧一下,使气味飘至鼻下,切勿将鼻子凑近样品瓶,以免大量吸入。

2.3.2　物理常数的测定

测定未知物的物理常数可以帮助我们判断化合物的纯度。最广泛使用的物理常数是熔点和沸点。对于固体样品测定它们的熔点,熔程若在 $0.5 \sim 1$℃之间,说明样品较纯可用作鉴定。如熔程较长说明样品不纯,可能不是单一的化合物。用薄层层析法分析,根据分析结果决定分离方法。对于液体样品则测定它们的沸点。如果样品量少于 1mL,采用微量法测定沸点;若样品量较多,则采用蒸馏法。根据沸程判断样品的纯度,若沸程在 $1 \sim 2$℃之间可用作鉴定,如果沸程较长,说明样品不纯,用气相色谱分析,根据分析结果决定分离方法。

对于纯粹的液体化合物,折射率也是一种有用的物理常数,可用阿贝折射仪测定。

2.3.3　元素定性分析

鉴定有机化合物中含有哪些元素是有机分析最重要的步骤。由分析结果知道含有哪些元素后,可以确定下一步将进行哪些官能团试验。例如化合物中不含氮,那么含氮的官能团试验就不必做了。

由于有机化合物大多数是由共价键组成,不能直接进行元素测定,必须将有机化合物分解,使其转变成无机的离子型化合物,再应用无机定性分析方法进行鉴定。分解有机化合物的方法很多,最常用的是钠熔法(Lassaigne's test)。

1) 钠熔法

$$\text{有机化合物} \atop \text{(含C,H,O,N,S,X)} \quad +Na \xrightarrow{\text{共熔}} \quad {\text{NaCN} \quad \text{NaCNS} \atop \text{NaOH} \quad \text{NaX} \quad \text{Na}_2\text{S}}$$

钠熔法是将有机化合物与金属钠共熔,使有机物中的氮、硫或卤素等元素转变为氰化钠、硫化钠或卤化钠等可溶于水的无机化合物,然后用无机定性分析方法检测氰离子、硫离子和卤离子.当样品中同时含有硫和氮时,如果钠的量不足可生成硫氰基离子;加入过量的钠则生成硫化钠和氰化钠。

钠熔法不能提供有关碳、氢或氧的信息。由于有机化合物是碳氢化合物的衍生物,因此对于有机化合物来说可以不必作碳和氢的鉴定。化合物中氧的鉴定还没有好方法,可根据官能团试验确定其是否存在。

实验步骤:

取干燥的 $\Phi 10 \times 100$mm 试管一支,将其上端用铁夹固定在铁架上.用镊子取出贮存于煤油中的金属钠,用滤纸吸去煤油后,切去黄色外皮,再切成豌豆大小的颗粒,取一粒放在试管底部。

注意　金属钠遇水会发生激烈反应,在进行钠熔实验时应戴上护目镜。

用小火加热至金属钠熔化,待钠蒸气上升至 1~2cm 时移去火焰,迅速加入 10~20mg 研细的固体样品或者 3~4 滴液体样品[①]。

注意　加入样品时应使样品直接落于试管底部,不要沾在管壁上。如果样品是多卤代物(氯仿和四氯化碳)、硝基烷或者偶氮化合物,会有轻微的爆炸。

继续用小火加热至试管内物炭化,再用强火加热使试管底部呈暗红色,维持红热 2 min。移去火焰,乘试管底部红热时浸入盛有 10mL 蒸馏水的小烧杯中,试管底当即破裂,煮沸 2~3 min,过滤,滤渣用蒸馏水洗两次,得到无色或淡黄色的清亮滤液共约 20mL,留作鉴定试验用[②]。

2）氮的鉴定

样品中若含有氮,在钠熔后的滤液中存在氰化钠。氰化钠与硫酸亚铁反应生成亚铁氰化钠,它与三价铁离子作用,生成蓝色普鲁士蓝沉淀。

$$FeSO_4 + 6NaCN \longrightarrow Na_4[Fe(CN)_6] + Na_2SO_4$$

$$3Na_4[Fe(CN)_6] + 2Fe_2(SO_4)_3 \longrightarrow \underset{\text{普鲁士蓝}}{Fe_2[Fe(CN)_6]} \downarrow + 6Na_2SO_4$$

实验步骤:

取 2mL 滤液,加入 4~5 滴 10%氢氧化钠溶液(调节溶液 pH13)[③],加入 5 滴新鲜配制的 5%硫酸亚铁溶液,振荡后煮沸溶液约 1~2 min,冷却后滴加 3mol/L 硫酸使呈酸性(用石蕊试纸检验),此时若有普鲁士蓝沉淀或者溶液显蓝色表示氮的存在[④]。

3）硫的鉴定

可以用两种方法鉴定硫的存在:

(1) 硫化钠与亚硝酰铁氰化钠作用生成紫红色络合物。

$$Na_2S + Na_2[Fe(CN)_5NO] \longrightarrow \underset{\text{紫红色}}{Na_4[Fe(CN)_5NOS]}$$

实验步骤:

取 1mL 滤液,加入 2~3 滴新鲜配置的 0.5%亚硝酰铁氰化钠,如呈紫红色表示有硫存在。

(2) 硫化钠与乙酸铅反应生成黑色硫化铅沉淀。

$$Na_2S + (CH_3COO)_2Pb \longrightarrow 2CH_3COONa + PbS \downarrow$$

实验步骤:

取 1mL 滤液,加入乙酸使呈酸性(石蕊试纸检验),再滴加 2~3 滴 2%乙酸铅溶液,如生成黑色或棕色沉淀即表示硫的存在。[⑤]

---

① 如果得到的滤液颜色较深或者呈现混浊,说明样品分解不完全,必须重新钠熔。

② 上述实验步骤对于鉴定含碳量低的有机化合物中的氮元素时,往往得不到满意的结果,因此,钠熔时,可在加入样品的同时加入少许蔗糖,以提高氰离子的转化率。

③ 由于二价铁在碱性溶液中易被空气氧化成三价铁,因此在做试验时,可以不必补加硫酸铁。

④ 为了帮助普鲁士蓝沉淀,可以滴加少量稀的氟化钾溶液。

⑤ 若有白色或灰色沉淀生成,可能是酸化不够而生成碱式乙酸铅。此时应再滴加乙酸,然后观察。

4) 氮和硫同时鉴定

若样品同时含有硫和氮,在钠熔时金属钠量不足,则生成硫氰化钠,使氮和硫的鉴定均得到负结果,此时可用三氯化铁进行检测,它与硫氰离子作用生成血红色的 $Fe(CNS)_3$:

$$3NaCNS + FeCl_3 \longrightarrow Fe(CNS)_3 + 3NaCl$$
血红色

实验步骤:

取 1mL 滤液,用稀盐酸酸化,再加 1～2 滴 5％三氯化铁溶液,出现血红色表示有氮和硫存在。

5) 卤素的鉴定

可以用两种方法鉴定卤素的存在。

(1) 铜丝火焰燃烧法(Beilstein test)。含有氯、溴或碘的有机化合物,在铜丝上燃烧时可生成易挥发的卤化铜。卤化铜在燃烧时产生绿色火焰。这是一个很灵敏的试验,微量的卤化物即可产生明显的绿色火焰。由于氟化铜在产生火焰的温度不挥发,因此它的火焰不显色,故此方法不能用于鉴定含氟的化合物。

实验步骤:

将铜丝一端弯成圆圈,置火焰上灼烧,直至火焰不显绿色。冷却后,在铜丝圈上沾少量样品,放在火焰边缘上灼烧。若有绿色火焰出现,证明有卤素存在。

(2) 卤化银沉淀法。卤化钠可与硝酸银作用生成卤化银沉淀。氯化银为白色沉淀;溴化银为浅奶黄色沉淀;碘化银为黄色沉淀;而氟化银则是水溶性的。因此,利用卤化银沉淀法可检验样品中是否存在氯、溴或碘。

$$
\begin{aligned}
NaCl & \qquad\qquad AgCl\downarrow \\
NaBr + AgNO_3 & \longrightarrow AgBr\downarrow + NaNO_3 \\
NaI & \qquad\qquad AgI\downarrow
\end{aligned}
$$

如果样品中含有硫和氮,钠熔后生成的氰化钠和硫化钠会干扰试验的结果。在做试验前应先加入硝酸,在通风柜中加热,使生成可挥发的氰化氢或硫化氢而除去。

$$NaCN + HNO_3 \longrightarrow HCN\uparrow + NaNO_3$$
$$Na_2S + 2HNO_3 \longrightarrow H_2S\uparrow + 2NaNO_3$$

实验步骤

取滤液 1mL,加稀硝酸使呈酸性,若样品中含氮或硫则在通风柜中加热微沸数分钟,赶去氰化氢或硫化氢,滴加数滴 5％硝酸银溶液,若有白色或黄色沉淀产生,表示样品中含卤素[①]。

6) 溴和碘的分别鉴定

氯比溴或碘活泼,可以取代溴化钠或碘化钠中的溴或碘。溴和碘在四氯化碳中呈现不同颜色,碘呈紫色,溴呈棕色,

$$2NaI + Cl_2 \longrightarrow 2NaCl + I_2$$
$$2NaBr + Cl_2 \longrightarrow 2NaCl + Br_2$$

---

① 若溶液呈混浊,则可能是试剂中的杂质或有未赶尽的氰化氢。为可靠起见,应再重复一次。

如果溴和碘同时存在,碘首先被氯取代出来。当有过量的氯存在时,碘被氧化成碘酸,紫色褪去,溴的棕色出现。

$$2NaI + Cl_2 \longrightarrow 2NaCl + I_2 (CCl_4) \text{ 紫色}$$
$$I_2 + 5Cl_2 + 2H_2O \longrightarrow 2HIO_3 + 10HCl \text{ 紫色褪去}$$
$$2NaBr + Cl_2 \longrightarrow 2NaCl + Br_2 (CCl_4) \text{ 棕色}$$

实验步骤：

取 2mL 滤液,加稀硝酸使呈酸性。样品中含氮或硫,则在加入四氯化碳前应先在通风柜中加热微沸数分钟以除去氰化氢或硫化氢,加入 0.5mL 四氯化碳,逐滴加入新配制的氯水,边滴边摇动。四氯化碳层显棕色表示溴的存在;四氯化碳层呈紫色表示碘的存在,若有碘和溴同时存在,在出现紫色后可继续滴加氯水,边加边摇动,紫色渐退,棕色出现,则表示样品中同时存在溴和碘[①]。

7) 氯的鉴定

当氯单独存在时,由氯化银沉淀即可检出。若与溴或碘共存时,则需用浓硝酸将溴化钠或碘化钠氧化成溴或碘,再用四氯化碳萃取,除去溴和碘后用硝酸银检验氯的存在。

$$NaI + HNO_3 \longrightarrow NO_2 \uparrow + I_2 + NaOH$$
$$NaBr + HNO_3 \longrightarrow NO_2 \uparrow + Br_2 + NaOH$$

实验步骤：

取 1mL 滤液,加入 3 滴浓硝酸(若样品中含氮或硫,则须在通风柜内微沸数分钟,以除去氰化氢和硫化氢)。再加入 0.5mL 四氯化碳,摇荡,用滴管吸去四氯化碳层。再加入 0.5mL 四氯化碳,反复萃取直至四氯化碳层无色,吸出上层水溶液,加入 1~2 滴 5%硝酸银溶液,若有白色沉淀生成,表明有氯存在。

2.3.4　溶解度试验

溶解度试验,能为我们提供有机化合物可能属于哪一类的信息,以缩小试验范围,然而当分子中存在多种官能团时,有时会使溶解度发生很大变化,例如:间苯二酚是非常容易溶解在水中的,但是当在 4 位引入叔丁基后仅微溶于水。通常是按有机化合物在水、乙醚、5%氢氧化钠溶液、5%碳酸氢钠溶液、5%盐酸和浓硫酸中的溶解度进行分类的。

实验步骤：

称取 30mg 磨细的固体或液体样品,加到盛有 1mL 溶剂的干净试管中,充分振荡,观察样

---

① 若溴和碘同时存在,且碘的含量较多时,常使溴不易检出。此时可用滴管吸去碘的四氯化碳溶液,再加入纯净的四氯化碳振荡,如仍有碘的紫色,再吸去,重复操作直至碘完全被萃取,四氯化碳层不显色,再逐滴加入新鲜氯水,如果四氧化碳显棕色表明有溴存在。

品是否溶解。若样品消失表明它已溶解①②③。

2.3.5　官能团的定性鉴定

官能团的定性鉴定就是利用有机化合物中各种官能团的不同特性,可与某些试剂反应产生特殊的现象(颜色变化、沉淀析出、气体放出等)来证明样品中是否含有某些官能团。官能团的定性鉴定具有反应快、操作简单等特点。由于有机化合物分子中具有不同的官能团,而不同的官能团往往决定了该类化合物的化学性质,因此,官能团的定性鉴定也常称为化合物的性质试验。由于在不同的分子中,同类官能团反应性能会受到分子其他部分的影响而有一定的差异,因此,有时需用几种不同的方法来确认一种官能团的存在或其在分子中的位置。

实验 26　烃的性质

1. 实验目的

(1) 掌握不饱和烃的鉴定方法。
(2) 掌握芳烃的鉴定方法。

2. 试样与试剂

试样:环己烷,环己烯,苯,甲苯,萘。
试剂:溴,四氯化碳,高锰酸钾,氯仿,无水氯化铝。

3. 实验步骤

1) 溴的四氯化碳溶液试验④

取 2 支试管,各加入 10 滴(约 0.5mL)环己烷、环己烯,再分别加入 2mL 四氯化碳⑤后逐滴加入含 5%溴的四氯化碳溶液,边加边摇动试管,观察并记录现象。

2) 高锰酸钾溶液氧化试验

于 3 支试管中分别加入苯、甲苯、环己烯各 0.5mL,再分别加入 0.2mL 0.5%高锰酸钾溶液和 0.5mL 10%硫酸溶液,剧烈振摇(必要时在 60～70℃水浴上加热几分钟),观察并记录苯、甲苯、环己烯与氧化剂作用的现象。

---

① 若样品与溶剂发生化学反应而产生颜色变化,气体逸出或形成新的沉淀,也可算作溶解。

② 用水作溶剂时,如果样品溶解,用石蕊试纸检验样品的水溶液,以确定是否存在酸或胺。

③ 在进行溶解度试验时,一般不宜加热,如果溶解过程很慢,可在 50℃ 的热水浴中温热,冷却后再观察。

④ 烯醇型化合物、酚、胺、醛、酮和含活泼亚甲基的化合物等都有可能与溴的四氯化碳溶液发生取代反应而使溴褪色,并有卤化氢气体逸出(溴化氢气体不溶于四氯化碳)。只要在试验过程中向试管吹气,如果有烟雾发生,就表明有溴化氢气体产生,由此证明发生了取代反应而不是加成反应

⑤ 烃溶于有机溶剂,它可与溴的四氯化碳形成均相溶液,反应易于进行,故鉴定时一般用溴的四氯化碳溶液。但如果鉴定气态烯烃,则用溴水,这是由于溴和四氯化碳都极易挥发,气体通入后,它们会大量逸出。

3）氯仿—无水氯化铝试验

取 3 支干燥试管,各加入 lmL 氯仿,然后分别加入 0.1mL 苯、0.1g 萘和 0.1 mL 环己烷,摇匀。将 3 支试管倾斜,使管壁湿润,沿管壁加入少量无水氯化铝,观察试管壁上的现象①。

4）发烟硫酸试验

取 2 支干燥试管,各加入 1 mL 含 20％ SO_3 的发烟硫酸,分别逐滴加入 0.5 mL 苯、环己烷,用力振摇试管,观察并记录现象②。

讨论与思考

（1）乙酰乙酸乙酯也能使溴的四氯化碳溶液褪色,是何原因？乙酰乙酸乙酯与溴发生了什么反应？

（2）硝基苯能否与氯仿—无水氯化铝反应？为什么？

实验 27　卤代烃的性质

1. 实验目的

（1）熟悉不同烃基对卤代烃反应活性的影响。

（2）熟悉不同卤原子的卤代烃的反应活性规律。

（3）掌握卤代烃的鉴定方法。

2. 试样与试剂

试样:1-氯丁烷,2-氯丁烷,2-甲基-2-氯丙烷,1-溴丁烷,溴化苄,溴苯,1-碘丁烷,2,4-二硝基氯苯。

试剂:乙醇,硝酸,硝酸银,碘化钠,丙酮。

---

① 芳烃及其同系物在无水氯化铝存在下与氯仿反应,生成有颜色的物质。现以苯为例:

$$9C_6H_6 + 4CHCl_3 \xrightarrow{AlCl_3} 3(C_6H_5)_3CCl + 9HCl + CH_3$$

$$(C_6H_5)_3CCl + AlCl_3 \longrightarrow (C_6H_5)_3C^+ AlCl_4^-$$

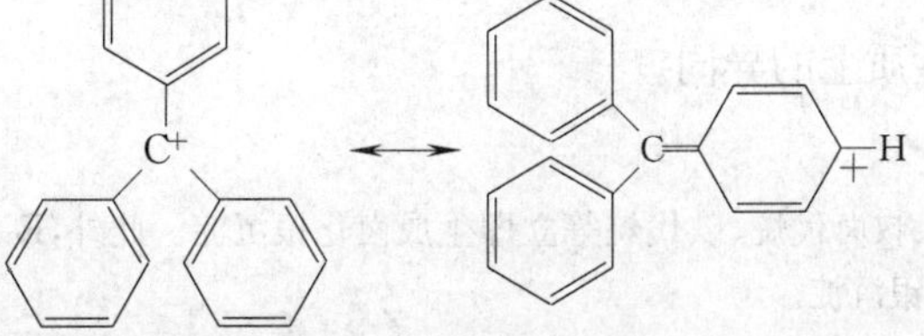

由生成的颜色可以初步推测芳香烃的种类,或对照已知物进行试验。经上述反应后,对苯及其同系物呈现橙色至红色,萘呈蓝色,蒽呈黄绿色,菲呈紫红色,联苯呈蓝色。卤代芳烃也有上述反应,呈现橙色至红色。

② 试样有放热现象并完全溶解的,表明是芳烃,不溶的则是烷烃或环烷烃。

3. 实验步骤

1) 卤代烃与硝酸银乙醇溶液的反应

(1) 卤原子相同而烃基不同的卤代烃反应活性比较。

① 取 3 支干燥试管,各放入 1mL 5‰硝酸银乙醇溶液,然后分别加入 2~3 滴 1-氯丁烷、2-氯丁烷、2-甲基-2-氯丙烷,振荡各试管,观察有无沉淀析出①。如 10min 后仍无沉淀析出,可在水浴中加热煮沸后再观察②。在有沉淀生成的试管中各加 1 滴 5‰硝酸,如沉淀不溶解,表明沉淀为卤化银。记录观察到的现象,写出各类卤代烃的反应活性次序及反应方程式。

② 取 3 支干燥试管,各加入 1mL 5‰硝酸银乙醇溶液,然后分别加入 2~3 滴 1-溴丁烷、溴化苄、溴苯,按上述方法操作,记录观察到的现象,写出各卤代烃的反应活性次序及反应方程式。

(2) 烃基相同而卤原子不同的卤代烃反应活性比较。

取 3 支干燥试管,各放入 1mL 5‰硝酸银乙醇溶液,然后分别加入 2~3 滴 1-氯丁烷、1-溴丁烷、1-碘丁烷,按上述方法操作,观察和记录生成沉淀的颜色和时间,比较不同卤原子的活泼性,写出反应方程式。

2) 卤代烃与碘化钠丙酮溶液的反应

取 4 支干燥试管③,各加入 1mL 碘化钠丙酮溶液④,然后分别加入 3 滴 1-溴丁烷、溴化苄、溴苯和 2,4-二硝基氯苯。振荡各试管,观察有无沉淀析出,记录产生沉淀的时间。5min 后,将仍无沉淀析出的试管放在 50℃的水浴里加热 6min,然后将其取出冷却至室温。注意观察试管里的变化并记录产生沉淀的时间。

讨论与思考

(1) 对根据本实验观察得到的卤代烃反应活性次序,说明原因。

(2) 是否可用硝酸银水溶液代替硝酸银乙醇溶液进行反应?

(3) 加入硝酸银乙醇溶液后,如生成沉淀,能否根据此现象即可判断原来试样含有卤原子?

实验 28　醇和酚的性质

1. 实验目的

(1) 熟悉醇和酚性质上的异同。

---

① 烯丙基型卤代烃、叔卤代烃、碘代烷等立即生成卤化银沉淀。此外,$R_3N^+HX^-$、$R_4N^+X^-$、RCOX 在室温下也能立即生成卤化银沉淀。

② 伯卤代烷、仲卤代烷加热后能生成卤化银沉淀,此外,$RCHBr_2$、对硝基氯苯也能在加热后生成沉淀。

③ 试管必须干燥洁净,否则生成的溴化钠、碘化钠溶于水中而不易看到沉淀。

④ 碘化钠丙酮溶液的配制方法:称取 15g 碘化钠溶于 100mL 丙酮中,新配制的溶液是无色的,静置后呈柠檬色,必须储存于棕色瓶中,如果溶液呈红棕色,则弃去重配。

（2）学会鉴别醇和酚的方法。

2. 试样与试剂

试样：正丁醇，仲丁醇，叔丁醇，乙二醇，丙三醇，苯酚，间苯二酚，对苯二酚。

试剂：苯，苯甲酰氯，浓盐酸，氢氧化钠，碳酸氢钠，无水氯化锌，氯化铁，碘化钾，饱和溴水，硫酸铜。

3. 实验步骤

1）醇的性质

（1）苯甲酰氯试验。取 3 个配有塞子的试管，各加入 0.5mL 正丁醇、仲丁醇、叔丁醇，然后分别加 1mL 水和数滴苯甲酰氯，再分 2 次各加入 2mL10％氢氧化钠溶液，每次加后，将塞子塞紧，激烈摇动，使试管中溶液呈碱性，看是否有酯的香味。

（2）卢卡斯(Lucas)试验①。取 3 支干燥试管，分别加入 1mL 正丁醇、仲丁醇和叔丁醇，然后各加入 5mL 卢卡斯试剂，用软木塞塞住试管，振荡，最好放在 26～27℃ 水浴中温热数分钟②，静置，观察发生的变化，记下混合液体变混浊和出现分层所需的时间。

（3）氢氧化铜试验③。取 2 支试管，各加入 3 滴 5％硫酸铜溶液和 6 滴 5％氢氧化钠溶液，然后分别加入 5 滴 10％乙二醇、5 滴 10％丙三醇，摇动试管，观察并记录现象。最后再各加入 1 滴浓盐酸，观察并记录所发生的变化。

2）酚的性质

（1）酚的溶解性和弱酸性。将 0.3g 苯酚放在试管中，加入 3mL 水，振荡试管后观察是否溶解。用玻璃棒蘸一滴溶液，以广泛 pH 试纸检验酸碱性。加热试管可见苯酚全部溶解。将溶液分装在两支试管，冷却后两试管均出现混浊。向其中一支试管加入几滴 5％氢氧化钠溶液，观察现象。再加入 10％盐酸，又有何变化。在另一支试管中加入 5％碳酸氢钠溶液，观察混浊是否溶解④。

（2）与氯化铁溶液作用。在 3 支试管中分别加入 0.5mL 1％苯酚、间苯二酚、对苯二酚溶液，再各加入 1～2 滴 1％氯化铁水溶液，观察和记录各试管中显示的颜色。

（3）与溴水反应。将 2 滴苯酚饱和水溶液加入试管中，再用 2mL 水稀释，然后逐滴滴入饱和溴水，有白色沉淀生成⑤。

如继续滴加饱和溴水至沉淀由白色变为淡黄色，再将试管内混合物煮沸 1～2min，以除去

---

① 卢卡斯试剂的配制方法：将 34g 熔化过的无水氯化锌溶于 23 mL 浓盐酸中，同时冷却以防氯化氢逸出，约得 35 mL 溶液，放冷后，存于玻璃瓶中，塞紧。

② 因含 3～6 个碳原子的低级醇的沸点较低，故加热温度不可过高，以免挥发。

③ 邻二醇具有较弱的酸性，故不能用一般的指示剂检出，但能与新制的氢氧化铜生成绛蓝色的络合物，后者在碱性溶液中比较稳定，遇酸即分解为原来的醇和铜盐。

④ 苯酚可溶于氢氧化钠溶液和碳酸钠溶液，因碳酸钠水解生成氢氧化钠，后者与苯酚反应，形成可溶于水的酚钠：

$$Na_2CO_3 + H_2O \longrightarrow NaOH + NaHCO_3$$

但苯酚不与碳酸氢钠作用，也不溶于碳酸氢钠溶液中。

⑤ 白色沉淀物是 2,4,6-三溴苯酚。

过量的溴,静置冷却。滴加几滴 1‰ 碘化钾溶液和 1mL 苯,用力振荡试管,沉淀溶于苯中,析出的碘使苯层呈紫色①。记录观察到的现象,并解释。

讨论与思考

(1) 为什么伯醇和仲醇与卢卡斯试剂反应后,溶液先混浊后分层?

(2) 如何鉴别醇和酚?

(3) 具有什么结构的化合物能与氯化铁溶液发生显色反应? 试举三例。

(4) 如何鉴别 1,2-丁二醇和 1,3-丁二醇?

实验 29　醛和酮的性质

1. 实验目的

(1) 加深对醛、酮化学性质的认识。

(2) 掌握醛、酮的鉴定方法。

2. 试样与试剂

试样:正丁醛,苯甲醛,丙酮,苯乙酮,甲醛,乙醛,无水乙醇,正丁醇。

试剂:2,4-二硝基苯肼,95% 乙醇,浓硫酸,氢氧化钠,氨水,亚硫酸氢钠,硝酸银,硫酸铜,酒石酸钾钠,碘化钾,碘。

3. 实验步骤

1) 亲核加成反应

(1) 与饱和亚硫酸氢钠溶液加成。取 4 支干燥试管,各加入 2mL 新配制的饱和亚硫酸氢

---

① 2,4,6-三溴苯酚被过量的溴水氧化,生成黄色的 2,4,4,6-四溴环己二烯酮,后者被氢碘酸还原为 2,4,6-三溴苯酚,同时释出碘,碘又溶于苯而呈紫色。

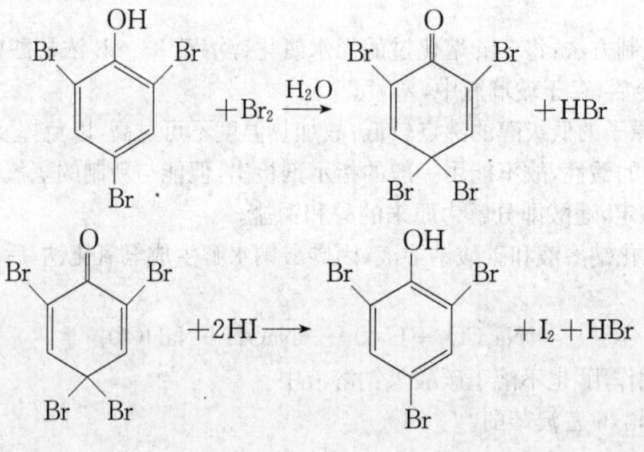

钠溶液①,然后分别滴加 8～10 滴正丁醛、苯甲醛、丙酮、苯乙酮,用力振荡,使混合均匀,将试管置于冰水浴中冷却②,观察有无沉淀析出③。记录沉淀析出所需的时间。

(2) 与 2,4-二硝基苯肼的加成反应。取 4 支试管,各加入 2mL2,4-二硝基苯肼试剂④,分别滴加 2～3 滴正丁醛、苯甲醛、丙酮、苯乙酮,用力振荡,使混合均匀,观察有无沉淀析出。如无,静置数分钟后观察;再无,可微热 30s 后再振荡,冷却后再观察⑤。

2) α-氢原子的反应——碘仿反应

取 5 支试管,各加入 1mL 碘—碘化钾溶液⑥,并分别加入 5 滴 40％乙醛水溶液、丙酮、乙醇、正丁醇、苯乙酮。然后一边滴加 10％氢氧化钠溶液,一边振荡试管,直到碘的颜色接近消失,反应液呈微黄色为止⑦。观察有无黄色沉淀。如无沉淀,可在 60℃水浴中温热 2～3min,冷却后观察。比较各试管所得结果。

3) 与弱氧化剂反应

(1) 与托伦(Tollens)试剂反应(银镜反应)。在洁净的试管中,加入 4mL2％硝酸银溶液和 2 滴 5％氢氧化钠溶液,然后一边滴加 2％氨水,一边振摇试管,直到生成的棕色氧化银沉淀刚好溶解为止⑧,此即托伦试剂⑨。

将此溶液平均分置于 4 支干净试管⑩中,分别加入 3～4 滴甲醛、乙醛、丙酮、苯甲醛,振荡均匀,静置后观察,如无变化,可在 40～50℃水浴中温热⑪,有银镜生成,表明是醛类化合物。

---

① 必须使用新配制的饱和亚硫酸氢钠溶液,方法如下:在 100 mL 40％的亚硫酸氢钠溶液中,加入不含醛的无水乙醇 25 mL,混合后,滤去析出的晶体。

② 加成产物生成时有热量放出,故需在冰水中冷却。

③ 醛和脂肪族甲基酮以及低级环酮都会在 15min 内生成加成产物。如冷却后没有晶体析出,可用玻璃棒上、下摩擦试管内壁。

④ 2,4-二硝基苯肼试剂的配制方法:2g2,4-二硝基苯肼溶于 15mL 浓硫酸中,加入 150mL95％乙醇,用蒸馏水稀释至 500mL,搅拌使混合均匀,过滤,滤液保存在棕色试剂瓶中备用。

⑤ 某些易被氧化成醛或酮以及容易水解成醛的化合物,例如缩醛,也能与 2,4-二硝基苯肼反应,得正性结果。

⑥ 碘-碘化钾溶液的配制方法:25g 碘化钾溶于 100mL 蒸馏水中,再加入 12.5g 碘,搅拌使碘溶解。碘化钾能增加碘在水中的溶解度。

⑦ 如氢氧化钠溶液过量,则加热时生成的碘仿会发生水解而使沉淀消失:

$$CHI_3 + 4NaOH \longrightarrow HCOONa + 3NaI + 2H_2O$$

⑧ 过量的氨水会降低试验方法的灵敏度。

⑨ 托伦试剂久置会析出黑色氮化银(Ag_3N)沉淀,它在振动时容易分解而发生猛烈爆炸,有时甚至潮湿的氮化银也能引起爆炸,故必须现配现用,试验完毕,应向试管加入少量硝酸,加热,洗去银镜。

⑩ 银镜反应所用的试管必须十分洁净。可以用热的铬酸洗液或硝酸洗涤,再用蒸馏水冲洗干净。如果试管不洁净或反应进行得太快,就不能生成银镜,而是析出黑色的银沉淀。

⑪ 不宜温热过久,更不能放在火焰上加热。用苯甲醛做银镜反应时,稍多加半滴氢氧化钠溶液,将会有利于银镜生成。

（2）与费林(Fehling)试剂①反应。将费林溶液 I 和费林溶液 II 各 4mL 加入到大试管中，混合均匀，然后平均分装到 4 支小试管中，分别加入 10 滴甲醛、乙醛、丙酮和苯甲醛。振荡混匀，置于沸水浴中，加热 3～5min，注意观察颜色变化及有无红色沉淀析出②。

讨论与思考

（1）醛、酮与亚硫酸氢钠加成反应中，为什么一定要使用饱和亚硫酸氢钠溶液并且必须新配？

（2）怎样用化学方法区别醛和酮？芳香醛与脂肪醛？

（3）什么结构的化合物能发生碘仿反应？鉴定时为什么不用溴仿和氯仿反应？

（4）配制碘溶液时为什么要加入碘化钾？

（5）银镜反应使用的试管为什么一定要洁净？如何使试管符合洗涤要求？

（6）如何鉴别下列化合物：环己烷，环己烯，苯甲醛，丙酮，正丁醛，异丙醇？

实验 30　羧酸及其衍生物的性质

1. 实验目的

（1）掌握羧酸及其衍生物的主要化学性质。

（2）了解肥皂的制备原理及肥皂的性质。

2. 试样与试剂

试样：甲酸，乙酸，草酸，苯甲酸，乙酸酐，乙酰氯，乙酰胺，猪油，植物油。

试剂：氢氧化钠，盐酸，硫酸，高锰酸钾，乙醇，苯胺，氯化钠，溴，四氯化碳，氯化钙。

3. 实验步骤

1）羧酸的性质

（1）酸性的试验。将甲酸、乙酸各 10 滴及草酸 0.5g 分别溶于 2mL 水中，然后用洗净的玻璃棒分别蘸取相应的酸液在同一条刚果红试纸上画线，比较线条的颜色和深浅程度。

（2）成盐反应。取 0.2g 苯甲酸晶体放入盛有 1mL 水的试管中，加入 10%氢氧化钠溶液数滴，振荡并观察现象。接着再加数滴 10%盐酸，振荡，并观察所发生的变化。

---

① 费林试剂的配制方法：

费林溶液 I：将 34.6g 硫酸铜晶体($CuSO_4 \cdot 5H_2O$)溶于 500mL 蒸馏水中，加入 0.5mL 浓硫酸，混合均匀。

费林溶液 II：将 173g 酒石酸钾钠晶体($KNaC_2H_4O_6 \cdot 4H_2O$)和 70g 氢氧化钠溶于 500mL 蒸馏水中。

将这两种溶液分别保存。使用时两溶液等体积混合便成费林试剂。它是铜离子与酒石酸盐形成络合物的溶液，呈深蓝色。由于此络合物溶液不稳定，必须临用时配制。

② 费林试剂只与脂肪醛反应，故可区别脂肪醛与芳香醛。甲醛被费林试剂氧化成甲酸后，仍有还原性，使氧化亚铜继续还原为金属铜，呈暗红色粉末或成铜镜析出。

（3）加热分解作用。将甲酸和冰醋酸各 1mL 及草酸 1g 分别放入 3 支带有导管的小试管中，导管的末端分别伸入 3 支各自盛有 1~2mL 石灰水的试管中（导管要插入石灰水中！）。加热试样，当有连续气泡发生时观察现象。

（4）氧化作用。在 3 支小试管中分别放置 0.5mL 甲酸、乙酸以及由 0.2g 草酸和 1mL 水配成的溶液，然后分别加入 1mL 稀硫酸（与水体积比为 1：5）及 2~3mL 0.5％ 高锰酸钾溶液，加热至沸，观察现象。

（5）成酯反应。在一干燥的小试管中加入 1mL 无水乙醇和 1mL 冰醋酸，再加入 0.2mL 浓硫酸，振摇均匀后浸在 60~70℃ 的热水浴中约 10min，然后将试管浸入冷水中冷却，最后向试管内再加入 5mL 水. 这时试管中有酯层析出并浮于液面之上，注意所生成的酯的气味。

2）酰氯和酸酐的性质

（1）水解作用。在试管中加入 2mL 蒸馏水，再加入数滴乙酰氯①，观察反应现象。反应结束后在溶液中滴加数滴 2％ 硝酸银溶液，观察反应现象。

（2）醇解作用。在一干燥的小试管中放入 1mL 无水乙醇，慢慢滴加 1mL 乙酰氯，同时用冷水冷却试管并不断振荡。反应结束后先加入 1mL 水，然后小心地用 20％ 碳酸钠溶液中和反应液使之呈中性，即有一酯层浮在液面上，如果没有酯层浮起，在溶液中加入粉状氯化钠至使溶液饱和为止，观察反应现象并闻其气味。

（3）氨解作用。在一干燥小试管中放入新蒸馏过的淡黄色苯胺 5 滴，然后慢慢滴加乙酰氯 8 滴，待反应结束后再加入 5mL 水并用玻璃棒搅匀，观察反应现象。

用乙酸酐代替乙酰氯重复作上述 3 个实验。注意反应较乙酰氯难进行，要在热水浴中加热，并需较长时间才能完成。

3）酰胺的水解反应

（1）碱性水解。取 0.2g 乙酰胺和 2mL 20％ 氢氧化钠溶液一起放入一小试管中，混合均匀并用小火加热至沸。用润湿的红色石蕊试纸在试管口检验所产生气体的性质。

（2）酸性水解。取 0.2g 乙酰胺和 2mL 10％ 硫酸一起放入一小试管中，混合均匀并用小火加热沸腾 2min，注意有醋酸味产生。放冷并加入 20％ 氢氧化钠溶液至反应液呈碱性后再次加热。用润湿的红色石蕊试纸检验所产生气体的性质。

4）油脂的性质

（1）油脂的不饱和性。取 0.2g 熟猪油和数滴近于无色的植物油分别放入两支小试管中，并分别加入 1~2mL 四氯化碳，振荡使之溶化。然后分别滴加 3％ 溴的四氯化碳溶液，边加边振荡，观察所发生的变化。

（2）油脂的皂化。取 3g 油脂、3mL 95％ 乙醇②和 3mL 30％~40％ 氢氧化钠溶液放入一大试管中，摇匀后在沸水浴中加热煮沸。待试管中的反应物成一相后，继续加热 10min 左右，

---

①　若乙酰氯纯度不够，则往往是含有 $CH_3COOPCl_2$ 等磷化物，久置后将产生混浊或析出白色沉淀，从而影响到本实验的结果。为此，必须使用无色透明的乙酰氯进行有关的性质实验。因反应十分激烈，滴加时要小心。

②　所用油脂可选用硬化油与适量猪油的混合油。如果单纯用硬化油则制出的肥皂太硬，若用植物性油脂则制出的肥皂太软。皂化时加入乙醇的目的是使油脂和碱液能混为一相，加速皂化反应的进行。

并经常振荡。皂化完全后[①]，将制得的黏稠液体倒入盛有 15~20mL 温热的饱和食盐水的小烧杯中，不断搅拌，肥皂逐渐凝固析出[②]，把制得的肥皂用玻璃棒取出，做下面的试验：

① 脂肪酸的析出。取 0.5g 刚才制得的肥皂放入一试管中，加入 4mL 蒸馏水，加热使肥皂溶解，再加入 2mL 稀硫酸（1:5），然后在沸水浴中加热，观察所发生的现象（液面上浮起的一层油状液体为何物？）

② 钙离子与肥皂的作用。取一试管加入 2mL 自己配制的肥皂溶液（每 0.2g 肥皂加 20mL 蒸馏水而成），然后加入 2~3 滴 10%氯化钙溶液，振荡并观察所发生的变化。

③ 肥皂的乳化作用。取两支试管各加入 1~2 滴植物油。在一支试管中加入 2mL 水，在另一支试管中加入 2mL 肥皂溶液。把两支试管用力振荡，观察反应现象是否相同。为什么？

讨论与思考

（1）甲酸具有还原性，能与托伦试剂、费林试剂进行反应，但为什么在上述两试剂中直接滴加甲酸，实验却难以成功？应采取什么措施才能使反应顺利进行？

（2）制肥皂时加入食盐起什么作用？说明原理。

实验 31　胺的性质

1. 实验目的

（1）熟悉胺的碱性。

（2）掌握用简单的化学方法区别伯、仲、叔胺。

2. 试样与试剂

试样：苯胺，二苯胺，N-甲基苯胺，N,N-二甲基苯胺。

试剂：无水乙醇，β-萘酚，苯磺酰氯（或对甲苯磺酰氯），浓盐酸，氢氧化钠，亚硝酸钠。

3. 实验步骤

1）碱性试验

（1）取 1 支试管，加入 1~2 滴苯胺和 0.5mL 水，振荡试管，观察现象。然后滴加 1~2 滴浓盐酸，振荡，观察结果。再用水稀释，注意观察稀释后的现象。

（2）取 1 支试管，加入数粒二苯胺晶体和 0.5~1mL 无水乙醇，振荡试管使二苯胺完全溶解。然后加入 0.5~1mL 水，振荡，观察反应现象。再滴加浓盐酸，振荡，观察溶液是否转为透明。最后用水稀释，观察结果。

---

① 皂化是否完全的测定：取几滴皂化液放入一试管中，加入 2 mL 蒸馏水，加热并不断振荡。如果这时没有油滴分出表示皂化已经完全，如果皂化尚不完全，则需将油脂再皂化数分钟，并再次检验皂化是否完全。

② 肥皂盐析原理：加入大量氯化钠后，由于同离子效应，肥皂的溶解度降低，同时，肥皂胶体溶液中胶束水化层被盐离子的水合作用破坏，因此肥皂成固态析出。

2）亚硝酸试验

（1）试管中加入 10 滴苯胺及 4mL 20％盐酸,用玻璃棒搅拌使其溶解,将试管置于冰浴中冷却至 0℃,逐滴加入 25％亚硝酸钠溶液,搅拌直至混合液遇碘化钾—淀粉试纸立即呈蓝色为止[①],得澄清溶液。取此溶液数滴加到 β-萘酚溶液中[②],观察有无橙红色物质生成。

（2）试管中加入 5 滴 N-甲基苯胺及 2mL 20％盐酸,搅拌使其溶解,将试管置于冰浴中冷却至 0℃,逐滴加入 25％亚硝酸钠溶液约 10 滴,边加边搅拌,观察有无黄色油状物生成。

（3）试管中加入 2 滴 N,N-二甲基苯胺及 0.8mL 20％盐酸,搅拌,将试管置于冰浴中冷却至 0℃,逐滴加入 25％亚硝酸钠溶液 4～5 滴,搅拌,然后滴加 10％氢氧化钠溶液至呈碱性,观察是否有绿色固体生成[③]。

3）兴斯堡（Hinsberg）试验

取 3 支试管分别加入 3 滴苯胺、N-甲基苯胺、N,N-二甲基苯胺及 5mL 10％氢氧化钠溶液,充分混合,然后各加入 6 滴苯磺酰氯（或 0.2g 对甲苯磺酰氯）[④],用塞子塞住管口,间歇振荡 3～5min。打开塞子,将试管置于水蒸气浴上 1min[⑤],试验溶液是否呈碱性。如果不显碱性,则逐滴加入 10％氢氧化钠溶液使其呈碱性,观察是否有固体或油状物析出,若有析出,则将它们分离出来（过滤或使用滴管等方法）,并将它们分别置于 5mL 水和 5mL5％盐酸中,试验其溶解性。如果无沉淀析出,则用 20％盐酸酸化至 pH6,用玻璃棒摩擦管壁并使试管冷却,再观察有无沉淀析出。根据实验结果作出结论。

讨论与思考

（1）比较苯胺和二苯胺的碱性强弱。

（2）解释兴斯堡试验中观察到的现象。

---

① 用玻璃棒蘸一点反应液,与碘化钾—淀粉试纸接触,观察是否立即出现淡紫色,以检查重氮化反应的终点。

② β-萘酚溶液的配制:将 0.1gβ-萘酚溶于 1mL5％氢氧化钠溶液中。

③ N,N-二甲基苯胺亚硝化产物在盐酸作用下生成红棕色醌式结构,必须滴加碱以后方能生成绿色固体。

绿色　　　　　　　红棕色

④ 芳磺酰氯有毒并具腐蚀性,应避免与皮肤接触,也不能吸入其蒸气。此反应宜在通风橱内进行。

⑤ 某些 N,N-二烷基苯胺与苯磺酰氯共热时会形成紫红色染料,一旦发生这种情况,则重新在 15～20℃水浴中进行反应。

实验 32　碳水化合物的性质

1. 实验目的

掌握碳水化合物的主要化学性质。

2. 试样与试剂

试样：葡萄糖，果糖，蔗糖，麦芽糖，淀粉，脱脂棉。

试剂：盐酸苯肼，浓盐酸，浓硝酸，浓硫酸，冰醋酸，氢氧化钠，硝酸银，硫酸铜，醋酸钠，酒石酸钾钠，碘，氨水，活性炭。

3. 实验步骤

1) 费林试验

取 4 支试管,各加入 0.5mL 费林溶液Ⅰ和 0.5mL 费林溶液Ⅱ①,混合均匀后置于水浴上加热,分别加入 5％的葡萄糖、果糖、蔗糖②、麦芽糖溶液各 5～6 滴,振荡,加热,注意观察溶液的颜色变化和有无沉淀析出。

2) 托伦试验

取 4 支洁净试管,各加入 1mL 托伦试剂③,再分别加入 0.5mL5％的葡萄糖、果糖、蔗糖、麦芽糖溶液,混合均匀后,置于 60～80℃的热水浴中温热,观察有无银镜生成。

3) 糖脎的生成

取 4 支试管,各加入 1mL 5％的葡萄糖、果糖、蔗糖、麦芽糖溶液,再各加入新配制的苯肼试剂④ 10 滴,混合均匀后,试管口塞少许棉花⑤,置于沸水浴中加热 15～20min,时常振荡试管以免形成脎的过饱和溶液。然后将试管慢慢冷却.注意糖脎的生成⑥和它们的颜色变化,以及沉淀生成的时间。从每一试管中取少许晶体置于显微镜载玻片上,在显微镜下观察晶形。

4) 淀粉的性质

(1) 碘-淀粉试验。取 1 支试管,加入 2mL 水和 5 滴 2％淀粉溶液,然后加入 1 滴 0.1％碘

---

① 费林溶液的制备参见(实验 29,P92)注①。

② 市售砂糖,由于表面部分水解而具有一定的还原性,影响实验结果,故建议用大块冰糖,洗去表面葡萄糖,效果较好。

③ 托伦试剂的制备参见(实验 29 的 P3)(1)实验。

④ 苯肼试剂的制备:在 36mL 蒸馏水中溶解 4g 苯肼盐酸盐,再加 6g 醋酸钠晶体及 1 滴冰醋酸,如果所得溶液混浊,则加少许活性炭,搅拌后过滤,将滤液保存于棕色试剂瓶中。或将 4g(4mL)苯肼(游离碱是液体)溶于含 4g(4mL)冰醋酸的 36mL 水中,然后如前法制得苯肼试剂。苯肼试剂久置后即失效。苯肼有毒(无论是液体还是蒸气),且可能为致癌物质,取用时切勿与皮肤接触,一旦接触,必须立即用 5％醋酸洗去,然后用肥皂水洗。

⑤ 用少许棉花塞住管口以减少苯肼蒸气逸出。

⑥ 蔗糖不与苯肼作用生成脎,但经长时间加热,可能水解而有少量糖脎生成。

液,观察现象。将试管放入沸水浴中加热,观察有何变化、冷却后又发生什么变化[①]?

（2）淀粉水解。取 1 支试管,加入 1mL 2％淀粉溶液,再加 3 滴浓盐酸,在沸水浴中或水蒸气浴中加热至 100℃,保持 10min,冷却后,逐滴加入 10％氢氧化钠溶液,中和至红色石蕊试纸刚变蓝,然后做费林试验,并与未经水解的 2％淀粉溶液所进行的费林试验作比较。

5）纤维素的性质

（1）纤维素水解。取 1 支试管,加入 2mL 65％硫酸,再加入脱脂棉少许,用玻璃棒搅拌至脱脂棉全溶,形成无色黏稠液。取 1mL 倒入盛有 5mL 水的另一试管中,观察有何现象。将剩余的黏稠液置于热水浴中加热至亮黄色,然后取出试管,冷却后倒入盛有 5mL 水的另一试管中,观察结果[②],上述 2 支原盛有 5mL 水的试管的试液分别用 30％氢氧化钠溶液中和至红色石蕊试纸刚变蓝,分别做费林试验,观察结果。

（2）纤维素硝酸酯。取 1 支大试管,加入 2mL 浓硝酸,边摇动,边慢慢地滴加 4 mL 浓硫酸,用玻璃棒将一小团脱脂棉(约 0.2g)浸入热混酸中,将试管在 60～70℃水浴中加热,同时不断搅拌。5min 后[③],用玻璃棒取出脱脂棉,放在烧杯中,用水充分洗涤,以除去酸性。将水尽量挤出,并用滤纸吸干,最后将脱脂棉疏松地放在表面皿上,在沸水浴上干燥,即得浅黄色纤维素硝酸酯。

用镊子夹取少许干燥的纤维素硝酸酯,用火点燃,观察其燃烧情况并与脱脂棉燃烧作比较。

讨论与思考

（1）何谓还原性糖?是否可用糖脎反应来鉴别还原性糖和非还原性糖?

（2）观察葡萄糖、果糖、麦芽糖成脎速度及形成糖脎的晶形的区别。

实验 33　氨基酸和蛋白质的性质

1. 实验目的

掌握氨基酸和蛋白质的某些重要化学性质。

---

① 淀粉与碘作用主要是借范德华力和吸附作用形成一种复合物,显蓝色。加热时它们不易形成分子复合物,蓝色消失,冷却后又复显色,是一个可逆过程。

② 由于纤维素的游离羟基与硫酸形成酸式硫酸酯,故纤维素溶于硫酸。纤维素经硫酸部分水解的产物也溶于浓硫酸中,但不溶于水且无还原性,因此当用水稀释酸溶液时即沉淀出来。当在酸中加热后,纤维素水解生成二糖和单糖而溶于水并具还原性。

③ 此时主要生成纤维素二硝酸酯,没有爆炸性。如果延长反应时间,温度又较高,则可生成三硝酸酯,具有爆炸性。因此,该实验要控制水浴温度和反应时间。

2. 试样与试剂

试样:甘氨酸,酪氨酸,蛋白质溶液①。

试剂:茚三酮,乙醇,浓盐酸,浓硝酸,氢氧化钠,硫酸铜,醋酸铅,硫酸铵。

3. 实验步骤

1) 氨基酸和蛋白质的两性性质

(1) 氨基酸的两性性质。在盛有 2mL 蒸馏水的试管中加入 0.1g 酪氨酸,振荡下逐滴加入 1 mL 10%氢氧化钠溶液,观察反应现象。再逐滴加入 10%盐酸,直至溶液刚显酸性(蓝色石蕊试纸刚变红),振荡 1 min,观察现象。最后滴加 10%盐酸(10 滴以上),观察并记录结果。

(2) 蛋白质的两性性质。取 1 支试管,加入 5 滴 5%蛋白质溶液,振荡下逐滴加入浓盐酸,当加入过量酸时,观察溶液有何变化。吸取该溶液 1mL 置于另一试管,逐滴加入 10%氢氧化钠溶液,注意在碱过量时溶液有何变化。

2) 氨基酸和蛋白质的颜色反应

(1) 茚三酮反应②。取 2 支试管,分别加入 4 滴 0.5%的甘氨酸溶液和蛋白质溶液,再各加 2 滴 0.1%茚三酮—乙醇溶液③,混合均匀后置于沸水浴中加热 1~2min,观察结果。

(2) 缩二脲反应。取 1 支试管,加入 2mL5%蛋白质溶液和 2mL 30%氢氧化钠溶液,然后加 2 滴稀硫酸铜溶液④,观察结果。

(3) 黄蛋白反应。取 1 支试管,加入 1mL5%蛋白质溶液,再加 4~6 滴浓硝酸,溶液变浑或析出白色沉淀,然后将混合物加热煮沸 1~2min,观察有何变化。

3) 蛋白质的盐析

取 1 支试管,加入 2mL5%蛋白质溶液和少许固体硫酸铵,振荡,观察现象,然后再加 4 mL 水,振荡后观察结果。

4) 重金属沉淀蛋白质

(1) 取 1 支试管,加 1mL 蛋白质溶液,振荡下逐滴加饱和硫酸铜溶液 4~5 滴,观察结果。

(2) 取 1 支试管,加 1mL 蛋白质溶液,振荡下逐滴加 20%醋酸铅溶液 4~5 滴,观察结果。

讨论与思考

(1) 写出氨基酸与茚三酮的反应式。

(2) 氨基酸是否有缩二脲反应? 为什么?

(3) 为什么鸡蛋清可用作铅或汞中毒的解毒剂?

---

① 蛋白质溶液的制备:取一个鸡蛋,两头各钻一小孔,竖立,将蛋清(约 25 mL)流入盛有 100~120mL 经过煮沸的冷蒸馏水的烧杯中,搅拌、过滤(漏斗上放置经水润湿的纱布),滤液即为蛋白质溶液。

② 茚三酮反应宜在 pH=5~7 溶液中进行。

③ 0.1%茚三酮—乙醇溶液的制备(用时新配):将 0.1g 茚三酮溶于 124.9 mL 95%乙醇中。

④ 稀硫酸铜溶液的制备:取一份饱和硫酸铜溶液,加 30 份水稀释。(稀硫酸铜溶液不能过量,否则硫酸铜在碱性溶液中生成氢氧化铜沉淀,会干扰紫色反应)

2.4 天然化合物的提取实验

实验 34 从茶叶中提取咖啡因

1. 实验目的

(1) 通过从茶叶中提取咖啡因学习固—液萃取的原理及方法。

(2) 掌握提取器连续萃取的原理及操作方法。

(3) 掌握升华的原理及操作方法。

2. 实验原理

咖啡因又称咖啡碱,工业上主要通过人工合成制得。它具有刺激心脏、兴奋大脑神经和利尿等作用,主要用作中枢神经兴奋药,还可用作治疗脑血管的头痛,尤其是偏头痛,也是复方阿司匹林等药物的组分之一。但过度使用咖啡因会增加抗药性和产生轻度上瘾。

茶叶中含有多种生物碱,其中以咖啡因为主,约含 1%～5%,另外还含有可可豆碱、茶碱、茶多酚、丹宁酸(又名鞣酸)、没食子酸及色素、纤维素、蛋白质等。咖啡因是 Runge 于 1819 年在咖啡豆中首次发现的(1827 年在茶叶中也分离出来)故叫咖啡因。

咖啡因属于杂环化合物嘌呤的衍生物,化学名称为 1,3,7-三甲基-2,6-二氧嘌呤,结构式如下:

嘌呤　　　　　1,3,7-三甲基-2,6-二氧嘌呤

咖啡因是弱碱性化合物,易溶于氯仿(12.5%)、水(2%)、乙醇(2%)及热苯(5%)等溶剂中,微溶于乙醚。含结晶水的咖啡因为白色针状结晶,味苦。在 100℃ 时失去结晶水开始升华,120℃ 时升华相当显著,178℃ 以上升华加快,无水咖啡因的熔点为 238℃。

从茶叶中提取咖啡因是用适当溶剂在提取器中连续加热抽提,所得萃取液中除了咖啡因外,还含有叶绿素、丹宁酸及少量水解物等。浓缩后得到粗咖啡因。再利用咖啡因易升华的性质进行升华提纯。本实验选用 95% 酒精为溶剂,提取茶叶中的咖啡因。

1) 萃取的原理

萃取和洗涤是实验室常用的一种分离提纯的方法。应用萃取可以从固体或液体混合物中提取出所需物质,也可以用来洗去混合物中少量杂质。通常前者称为萃取,后者称为洗涤。

萃取的基本原理是利用物质在互不相溶(或微溶)的溶剂中溶解度或分配比不同而达到分离的目的。当将含有机化合物的水溶液用有机溶剂萃取时,有机化合物就在两液相间进行分配。在一定温度下,此有机化合物在有机相中和在水相中的浓度之比为一常数,即所谓"分配系数 K"。

假如一物质在两液相 A 和 B 中的浓度分别为 c_A 和 c_B,则在一定温度条件下,$c_A/c_B=K$,K 是一常数,可近似地看作为此物质在两溶剂中溶解度之比。

设在 V mL 的水中溶解 W_0 g 的有机物,每次用 S mL 与水不互溶的有机溶剂(有机物在此溶剂中一般比在水中的溶解度大)重复萃取:

第一次萃取:

设 $V=$被萃取溶液的体积(mL)

$W_0=$被萃取溶液中溶质的总含量(g)

$S=$萃取时所用溶剂 B 的体积(mL)

$W_1=$第一次萃取后溶质在溶剂 A 中的剩余量(g)

$W_2=$第二次萃取后溶质在溶剂 A 中的剩余量(g)

$W_n=$经过 n 次萃取后溶质在溶剂 A 中的剩余量(g)

经 n 次萃取后:

$$W_n = W_0(KV/(KV+S))^n$$

由于 $KV/(KV+S)$ 总小于 1,所以 n 越大,W_n 就越小,萃取效果越好。但是,当 $n>5$ 时,n 和 S 的影响几乎抵消,再增加萃取次数时,萃取效果变化不大。故一般萃取 3~5 次即可。

萃取按萃取两相的不同常分为液-液萃取、液-固萃取:

(1) 液-液萃取。选择一种溶剂 S(称为萃取剂),加入到需要分离的液体混合物(A+B)中,因溶质在两相间的分配未达到平衡,而溶质在萃取剂中的平衡浓度高于其在原溶液中的浓度,于是溶质从混合液向萃取剂中扩散,使溶质与混合液中的其他组分分离的过程,称为液-液萃取。

(2) 液-固萃取。常用的方法有浸取法和连续提取法。最常见的浸取法就是将溶剂加入到被萃取的固体物质中加热,使易溶于萃取剂的物质提取出来,然后再进行分离纯化。连续提取法一般使用 Saxhlet 提取器来进行。

2) 萃取剂的选择

(1) 对萃取物的溶解度大。

(2) 两相密度差要大,易于分层。

(3) 萃取剂与被分离组分的沸点差要大。

(4) 无毒、腐蚀性小、不易燃易爆。

(5) 价低、来源广。

3) 索氏提取器的提取原理

如图 2-49 所示,索氏提取器由烧瓶、提取筒、回流冷凝管三部分组成。索氏提取器是利用溶剂的回流及虹吸原理进行提取。先将被提取的固体物质研细,装入滤纸筒内,再放入提取筒中;在烧瓶中放入溶剂,当溶剂受热沸腾后,其蒸气沿抽提筒侧管上升至冷凝管,冷凝为液体,滴入滤纸筒中,并浸泡筒中被提取物。当液面超过虹吸管子最高处时,即发生虹吸流回烧瓶,从而萃取出溶于溶剂的部分物质。如此多次重复,把要提取的物质富集在烧瓶内。

图 2-49 索氏提取装置

3. 仪器与试剂

1) 仪器

索氏提取器;新型提取器;圆底烧瓶;直形冷凝管;球形冷凝管;蛇形冷凝管;烧瓶;蒸馏头;

接引管,梨形瓶;玻璃漏斗;温度计;蒸发皿。

2) 试剂

绿茶 10g;95％乙醇 50mL;氧化钙 3g。

4. 实验步骤

1) 抽提

(1) 利用新形提取器。用 100mL 圆底烧瓶如图 2-50 所示安装实验装置。称取 10g 茶叶,研细后放入提取筒中,在烧瓶中加入 50mL95％乙醇和 2～3 粒沸石,水浴加热快速回流,直到溢流液颜色很淡或无色时,停止加热(约需 1h)。冷却、拆卸装置,将废茶叶倒入废液缸内,烧瓶中的提取液倒入 100mL 的圆底烧瓶中。

(2) 利用索氏提取器。称取 10g 茶叶末,将茶叶装入滤纸套筒中,把套筒小心地插入索氏提取器中①,在 150mL 圆底烧瓶中加入 100mL95％乙醇和 2～3 粒沸石,如图 2-49 安装置实验装置。水浴加热,连续抽提,待第三次提取溶液刚刚虹吸流回烧瓶时(约需 1.5h,至提取液颜色较淡,)立即停止加热。冷却,拆卸装置,将废茶叶倒入废液缸内,烧瓶中的提取液倒 100mL 的圆底烧瓶中。

2) 浓缩

安装一套简单蒸馏装置,水浴加热,进行溶液的浓缩,当瓶内液体约剩 10～15mL,停止加热。稍冷,将蒸出的乙醇倒入回收瓶中,烧瓶内的残留液倒入蒸发皿中,加入研细的 3g 氧化钙②,搅拌均匀,在蒸气浴加热将溶剂蒸干,得到绿色的茶沙。

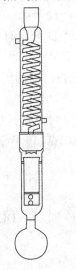

图 2-50　新型提取装置

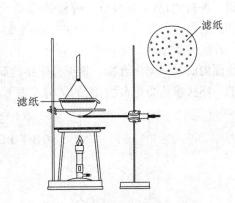

图 2-51　咖啡因的升华装置

3) 升华

将蒸发皿放在铁圈上,如图 2-51 安装升华装置。小火空气浴加热,控制温度低于 120℃,

---

① 滤纸筒既要紧贴器壁,又能方便取放。被提取物高度不能超过虹吸管,否则被提取物不能被溶剂充分浸泡,影响提取效果。被提取物也不能漏出滤纸筒,以免堵塞虹吸管。

② 生石灰(CaO)起吸水和中和作用,以除去丹宁酸等酸性杂质。

将固体培炒至干。取一大小合适的锥形漏斗,将颈口处用少量棉花堵住,以免蒸气外逸,造成产品损失。选一张略大于漏斗底口的滤纸,在滤纸上扎一些小孔后盖在蒸发皿上,用漏斗盖住。缓慢升温(升温速度快易碳化,如漏斗上有水汽时应用滤纸擦干[①]),约 1h 后,当外温达到270～280℃时,开始出现升华[②],保温 30min(可观察到滤纸或漏斗上有白色针状结晶),停止加热。冷却后,小心收集滤纸及漏斗上的咖啡因晶体,称重。产物通常在 70～100mg[③]。

讨论与思考

(1) 在实验中加氧化钙起什么作用?
(2) 新型提取器与索氏提取器相比,有哪些优点?

实验 35　橙皮中橙油的提取

1. 实验目的

(1) 了解从橙皮中提取橙油的原理及方法。
(2) 掌握水蒸汽蒸馏原理及应用。
(3) 了解旋转蒸发的操作方法及应用。

2. 实验原理

精油是植物组织经水蒸气蒸馏得到的挥发性成分的总称。大部分具有令人愉快的香味。在工业上经常用水蒸气蒸馏的方法来收集精油,柠檬、橙子和柚子等水果果皮通过水蒸气蒸馏得到一种精油,其主要成分是柠檬烯(＞90％)。柠檬烯是一种用途广泛的天然香料,一般新鲜柑橘类的果皮含有 1％左右,干品中含有 2％～4％。

柠檬烯属于萜类化合物。萜类化合物是指基本骨架可看做由两个或更多的异戊二烯头尾相连而构成的一类化合物。根据分子中的碳原子数目可以分为单萜、倍半萜和多萜等。柠檬烯是一环状单萜类化合物,它的结构式如下:

α-柠檬烯　　　　枸橼醛　　　　　　　　　　橙皮苷
(苎烯)

────────────

① 如留有水分,将会在下一步升华开始时带来一些烟雾,污染器皿,影响产品纯度。
② 升华过程中始终都要严格控制加热温度,温度太高,会使被烘焙物炭化,把一些有色物带出,使产品不纯。
③ 采用新型装置。

3. 仪器与试剂

1）仪器

水蒸气发生器；搅拌器；三口烧瓶；锥形瓶；直形冷凝管；蒸馏头；接引管；搅拌套管；搅拌棒；螺旋夹；空心塞；滴液漏斗；分液漏斗；导气管；圆底烧瓶；烧杯；粉碎机；折光仪；漏斗。

2）试剂

新鲜橙皮 100g；石油醚(60～90℃)90mL；无水硫酸镁。

4. 实验步骤

如图 2-52 安装电动搅拌器水蒸气蒸馏装置[①]（注意调节装置使搅拌棒不与导气管相碰）。

取 2～3 个新鲜橙皮，用粉碎机粉碎，称取 100g 投入烧瓶中，加入 100mL 水，开动搅拌，打开冷凝水，进行水蒸气蒸馏。当有液体流出时，调节馏出速度约 1 滴/2～3s，水蒸气蒸馏至无油滴[②]（大约 1h，若水蒸气发生器中水较少时需补加热水）。停止加热，将馏出液倒入分液漏斗中，分出油层，每次用 30mL 石油醚萃取水层三次，与分出的油层合并，用无水硫酸镁干燥。

取 25mL 圆底烧瓶，如图 2-53 安装闪蒸装置。在烧瓶中加入约 15mL 石油醚溶液，投入 2～3 粒沸石，其余的石油醚溶液倒入滴液漏斗中，水浴加热蒸馏（石油醚易燃，不能用明火加热）。当开始有液体流出时，打开滴液漏斗，保持滴加速度与蒸馏速度一致。使圆底烧瓶中的石油醚溶液始终保持在三分之二左右。继续蒸馏，直到沸水加热下蒸不出石油醚为止。撤除水浴，将蒸出的石油醚倒回收瓶中。再用旋转蒸发法除去石油醚，瓶中留下的橙黄色液体即为橙油，称量、测折光率。

纯柠檬烯 bp176℃，$n_D^{20}1.4727$，$[\alpha]_D^{20}+125.6^0$。

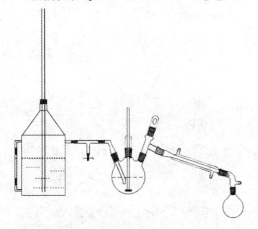

图 2-52　水蒸气蒸馏装置图

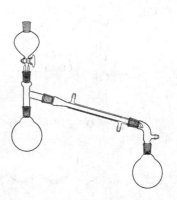

图 2-53　闪蒸装置

---

① 水蒸气蒸馏时，由于橙皮颗粒较多，仅靠水蒸气搅拌不够充分，提取时间较长，提取率偏低。安装机械搅拌装置后可以较好地改善搅拌不充分的状况。

② 取一干净小烧杯或小量筒收集几滴馏出液，加少许水，观察有无油珠。

讨论与思考

（1）能进行水蒸气蒸馏的物质必须具备哪几个条件？

（2）如何判断水蒸气蒸馏的终点？

实验 36 菠菜色素的提取和分离

1. 实验目的

（1）了解提取天然物质的原理与操作方法；

（2）学习柱色谱和薄层色谱的分离原理。

2. 实验原理

绿色植物如菠菜叶中含有叶绿素（绿色）、胡萝卜素（橙色）和叶黄素（黄色）等多种天然色素。

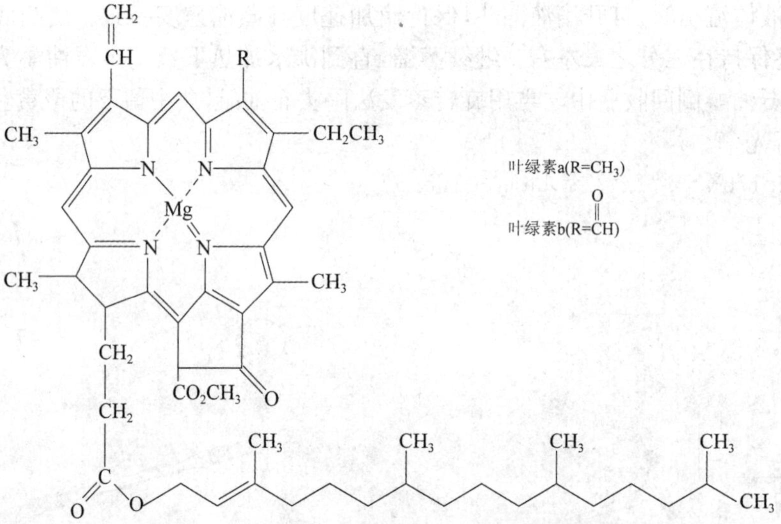

叶绿素a(R=CH₃)

叶绿素b(R=CHO)

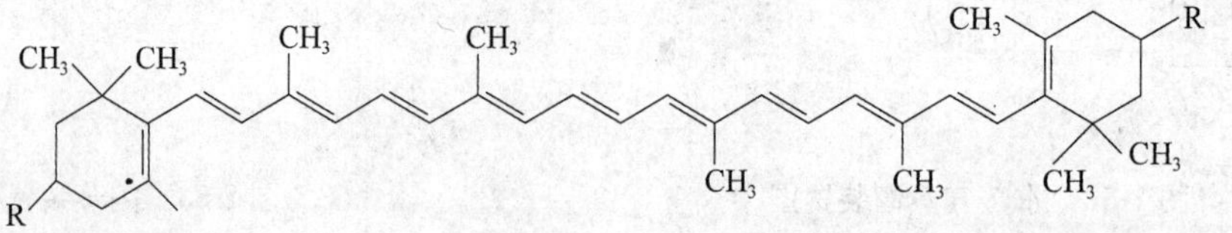

β-胡萝卜素(R=H)

叶黄素(R=OH)

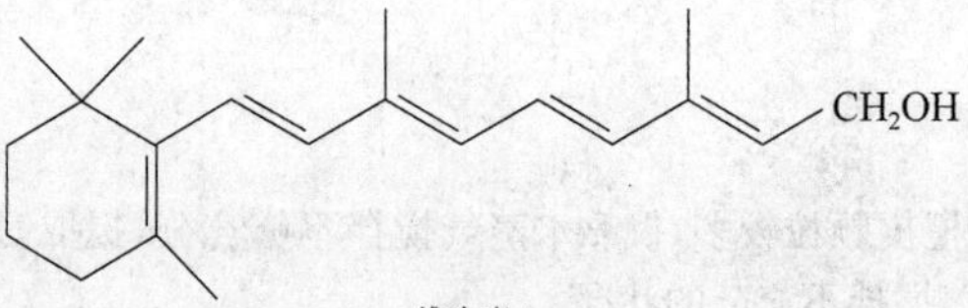

维生素A

叶绿素是植物进行光合作用所必需的催化剂。叶绿素中存在两种结构相似叶绿素 a(C_{55} $H_{72}O_5N_4Mg$)和叶绿素 b($C_{55}H_{70}O_6N_4Mg$),它们都是吡咯衍生物与金属镁的络合物,差别仅是 a 中一个甲基被 b 中的甲酰基所取代。植物中叶绿素 a 的含量通常是 b 的 3 倍。尽管叶绿素分子中含有一些极性基团,但大的烃基结构使它易溶于醚、石油醚等一些非极性的溶剂。

胡萝卜素($C_{40}H_{56}$)是具有长链结构的共轭多烯。它有三种异构体,即 α-、β- 和 γ-胡萝卜素,其中 β-异构体含量最多,也最重要。在生物体内,β-胡萝卜素受酶催化氧化即形成维生素 A。目前 β-胡萝卜素已可进行工业生产,可作为维生素 A 使用,也可作为食品工业中的色素。

叶黄素($C_{40}H_{56}O_2$)是胡萝卜素的羟基衍生物,它在绿叶中的含量通常是胡萝卜素的两倍。与胡萝卜素相比,叶黄素较易溶于醇而在石油醚中溶解度较小。

本实验是从菠菜中提取以上色素,用柱层析分离并用薄层色谱检测。

3. 仪器与试剂

1) 仪器

紫外分析仪;层析柱;玻璃漏斗;分液漏斗;硅胶板;布氏漏斗。

2) 试剂

石油醚(60~90℃);乙醇;无水硫酸镁;正丁醇;硅胶;菠菜;丙酮。

4. 实验操作步骤

1) 菠菜色素的提取

称取 2g 洗净后的新鲜的菠菜叶,用剪刀剪碎并与 10mL 乙醇拌匀,在研钵中研磨约 5min,然后用布氏漏斗抽滤菠菜汁,弃去滤渣。将菠菜汁放回研钵,每次用 10mL3∶2(V/V) 的石油醚—乙醇混合液萃取两次,每次需加以研磨并且抽滤。合并深绿色萃取液,转入分液漏斗,用 10mL 水洗涤两次,以除去萃取液中的乙醇①。石油醚层用无水硫酸镁干燥,水浴加热蒸馏,蒸至体积约为 1mL 为止。

2) 柱层析

在层析柱中,加入 10mL 石油醚。在烧杯中加 10g 硅胶和 30mL 石油醚,搅拌调匀,从层析柱顶缓缓加入,小心打开柱下活塞,使流下的硅胶在柱中堆积。必要时用橡皮锤轻轻在层析柱的周围敲击,使吸附剂装得均匀致密。柱中溶剂既不能满溢,更不能干涸。当硅胶表面溶剂剩下 1~2cm 高,关上活塞②,均匀加上一层石英砂,打开下端活塞,放出溶剂,直到溶剂高出石英砂表面 1~2mm,关上活塞。用滴管小心地加入菠菜色素的浓缩液,打开下端活塞,让试样进入石英砂层,关闭活塞,再用少量石油醚淋洗柱壁上的色素,打开活塞,使色素进入柱体。待色素全部进柱体后,在柱顶小心加洗脱剂——石油醚—丙酮溶液(9∶1V/V)。打开活塞,让洗脱剂逐滴放出,层析即开始进行。当第一个橙黄色带(胡萝卜素)进入柱底时,换收集瓶,然后改用石油醚—丙酮(7∶3体积比)作洗脱剂,分出第二个黄色带(叶黄素)③。再用正丁醇-

---

① 洗涤时要轻轻旋荡,以防止产生乳化。

② 在任何情况下,硅胶表面不得露出液面。

③ 叶黄素易溶于醇而在石油醚中溶解度较小,从嫩绿波菜得到的提取液中,叶黄素含量很少,柱色谱中不易分出黄色带。

乙醇-水(3∶1∶1V/V)作洗脱,分出蓝绿色带(叶绿素 a)和黄绿色带(叶绿素 b)。

3) 薄层层析

取两块层析板,每块板上一边点色素提取液样点①,另一边分别点柱分离后的 4 个试液中的两个,小心地将两块板放入层析缸内(展开剂为石油醚∶丙酮＝8∶2V/V)。待展开剂上升至规定高度时,取出层析板,在空气中晾干,观察斑点在板上的位置,用铅笔做出标记,进行测量,分别计算出 R_f 值,并排列出胡萝卜素、叶绿素和叶黄素的 R_f 值的大小次序。并在报告中画出临摹图。

讨论与思考

(1) 试比较叶绿素、叶黄素和胡萝卜素三种色素的极性,为什么胡萝卜素在层析柱中移动最快?

(2) 为什么植物色素的色谱分离大多采用含石油醚提取液,而不直接用丙酮提取?

实验 37　红辣椒中色素的分离

1. 实验目的

(1) 通过红辣椒中色素的提取和分离,了解天然物质分离提纯方法。

(2) 掌握柱色谱分离操作和原理。

2. 实验原理

辣椒红色素是一种存在于成熟红辣椒果实中的四萜类橙红色色素。已知的有辣椒红、辣椒玉红素和 β-胡萝卜素,它们都属于类胡萝卜素类化合物。其中极性较大的红色组分主要是辣椒红素和辣椒玉红素,占总量的 $50\%\sim60\%$。辣椒红是以脂肪酸酯的形式存在的,它是辣椒显深红色的主要因素。辣椒玉红素可能也是以脂肪酸酯的形式存在的。另一类是极性较小的黄色组分,主要成分是 β-胡萝卜素和玉米黄质。

本实验是用二氯甲烷为萃取溶剂,从红辣椒中萃取出色素,经浓缩后用柱层析法分离出红色素并用薄层层析检测。

3. 仪器与试剂

1) 仪器

紫外分析仪,层析柱,硅胶板,布氏漏斗。

2) 试剂

二氯甲烷;硅胶;红辣椒。

---

① 不可用同一支毛细管吸取不同样品。

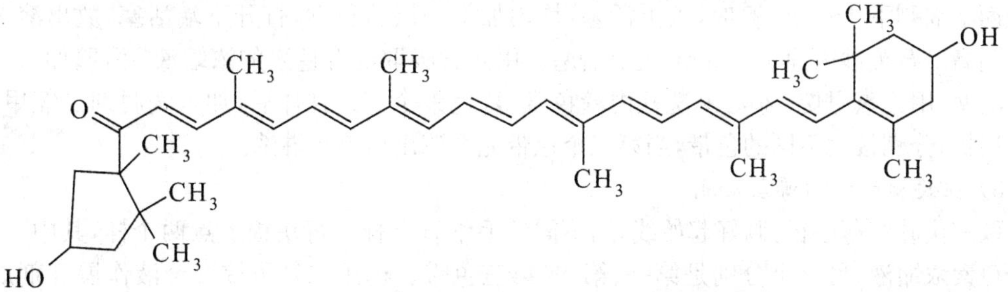

辣椒红

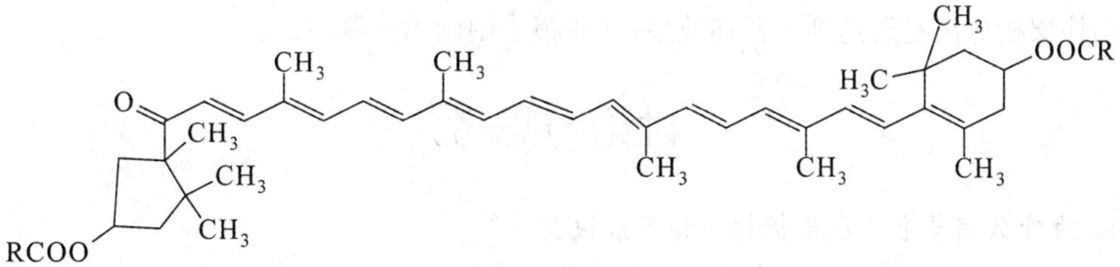

辣椒红脂肪酸酯

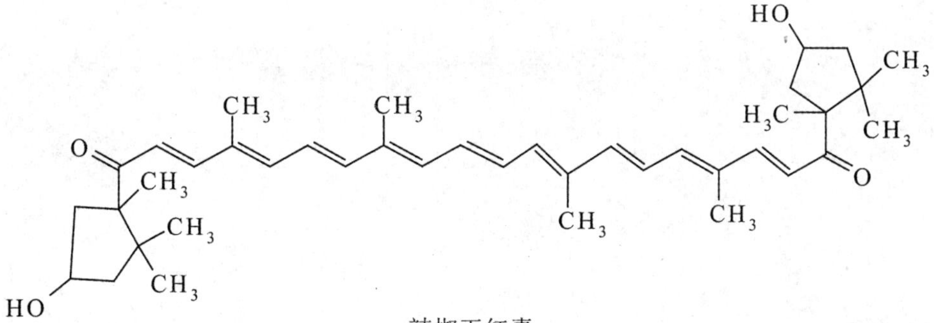

辣椒玉红素

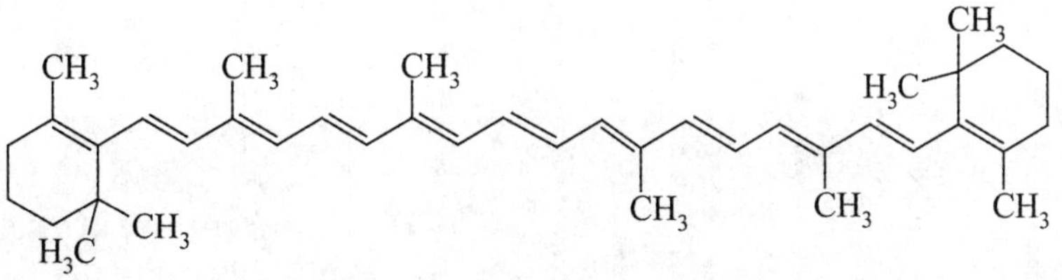

β-胡萝卜素

4. 实验操作步骤

1）辣椒色素的萃取和浓缩

将干的红辣椒剪碎研细，称取 1g，置于 25mL 圆底烧瓶中，加 10mL 二氯甲烷和 2～3 粒沸石，装上回流冷凝管，水浴加热回流 20min。冷至室温后抽滤。将所得滤液用水浴加热蒸馏浓缩至剩约 1mL 残液，即为混合色素的浓缩液。

2）柱层析分离

在层析柱中，加 10mL 二氯甲烷。在烧杯中加 10g 硅胶和 30mL 二氯甲烷，搅拌调匀，从层析柱顶缓缓加入，打开柱下活塞，使硅胶在柱子堆积，必要时用橡皮锤轻轻在层析柱的周围敲击，使吸附剂装得均匀致密。柱中溶剂面由下端活塞控制，既不能满溢，更不能干涸。当硅胶表面溶剂剩下 1～2cm 高时,关上活塞,均匀加上一层石英砂,打开下端活塞,放出溶剂,直到溶剂高出石英砂表面 1～2mm,关上活塞。用滴管吸取混合色素的浓缩液①沿壁加入柱中,打开活塞,用二氯甲烷②小心淋洗柱内壁色素,待色素全部进柱体后,加入洗脱剂二氯甲烷进行柱层析,分别接收不同的色带,当第三个色带完全流出后停止淋洗。

3) 柱效和色带的薄层检测

取三块硅胶薄层板,画好起始线,用不同的毛细管点样。每块板上点两个样,其中一个是混合色素浓缩液,另一个分别是第一、第二、第三色带。仍用二氯甲烷混合液作展开剂展开。比较各色带的 R_f 值,指出各色带是何种化合物。观察各色带样点展开后是否有新的斑点产生,推估柱层析分离是否达到了预期效果,并在报告中画出临摹图。

讨论与思考

(1) 为什么胡萝卜素在层析柱中移动最快?

(2) 为什么极性大的组分,要用极性大的展开剂?

---

① 混合色素浓缩液应留出 1～2 滴作第三步使用。

② 本展开剂一般能获得很好的分离效果。如果样点分不开或严重拖尾,可酌减点样量。

第3章 有机化学综合实验

实验 38 由环己醇为原料制备 7,7-二氯双环[4.1.0]庚烷

1. 实验目的

(1) 学习在酸催化下醇脱水制取烯烃的原理和方法。
(2) 了解相转移催化反应的原理及在卡宾反应中的应用。
(3) 熟练减压蒸馏装置的安装及操作。
(4) 了解气相色谱在有机合成的应用。

2. 实验原理

1) 环己醇的脱水反应

醇脱水是制备烯烃的一种常用方法。醇的脱水方式是按照查依采夫规则进行的,即醇的脱水速度一般是:3^0 醇＞2^0 醇＞1^0 醇。该反应特点:①需酸催化。常用的酸为磷酸、硫酸、氧化铝。②为可逆反应。为提高反应产率,本实验采用边反应边分馏的方法,将环己烯不断蒸出,从而使平衡向右移动。

主反应:

副反应:

2) 卡宾反应
主反应:

$$HCCl_3 + NaOH \Longrightarrow {}^-:CCl_3 \xrightarrow{-Cl^-} :CCl_2$$

二氯碳烯与环己烯作用,即生成 7,7-二氯二环[4.1.0]庚烷。反应式见(实验 24,P77)。

本实验为相转移催化反应,相转移循环式见(实验 24,P78)。

3. 仪器与试剂

1) 仪器
100mL 三口烧瓶;100mL 圆底烧瓶;球形冷凝管;直形冷凝管;锥形瓶;分液漏斗;烧杯;量筒;温度计;电动搅拌器;接引管;蒸馏头;分馏头;气相色谱仪。

2）试剂

环己醇 19.2g（20mL，0.19mol）；饱和食盐水；85％磷酸 10mL；无水氯化钙；氯仿 36g（24mL，0.3mol）；四乙基溴化铵 0.4g；氢氧化钠；石油醚 40mL；盐酸（2mol/L）25mL；无水硫酸镁。

4. 实验步骤

1）环己烯的制备

如图 3-1 所示安装一套简单分馏装置。

在干燥的 100mL 圆底烧瓶中加入 20mL 环己醇①，慢慢地加入 10mL 85％磷酸②，边加边振荡，使其充分混合均匀后，再加 2～3 粒沸石，开启冷却水，小火加热，控制分馏柱顶部温度不超过 90℃③，缓慢地蒸出生成的环己烯和水，当无馏出液蒸出时，稍加大火焰，继续蒸馏，直至温度到达 90℃，停止加热。

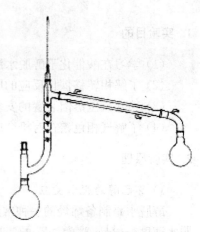

图 3-1　制备环己烯的实验装置

将馏出液倒入分液漏斗中，加入 20mL 饱和食盐水洗涤，静止分液，分去下层水层，上层的粗产物倒入干燥的锥形瓶中，用无水氯化钙干燥。安装简单蒸馏装置，水浴加热，蒸馏，收集 81～85℃馏分。

纯环己烯为无色透明液体，bp83℃，d_4^{20}0.8012 n_D^{20}1.4465。

纯环己烯的标准红外光谱如图 3-2 所示。

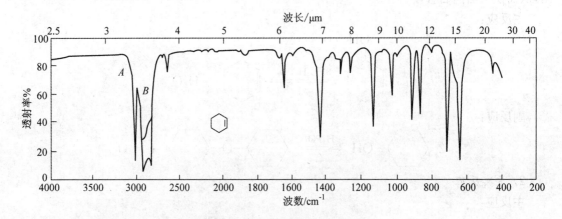

图 3-2　环己烯的标准红外光谱

2）7,7 二氯双环［4.1.0］庚烷的制备

在 100mL 三口烧瓶上，正口安装电动搅拌器，侧口装回流冷凝管及温度计（需涂上凡士

---

①　环己醇熔点为 24℃，常温下为黏稠状液体，用量筒量取时应注意转移中的损失。

②　环己烯和磷酸必须充分混合，振荡均匀，避免在加热时可能产生局部碳化现象。

③　因为在反应中环己烯与水形成恒沸物（沸点 70.8℃，含水 10％），环己醇与水形成恒沸物（沸点 97.8℃，含水 80％）。所以，加热温度不可过高，蒸馏速度不宜过快，以避免未反应的环己醇被蒸出来。

林)。在烧瓶中加入 V mL 自制的环已烯,24mL 氯仿[1],0.4g 四乙基溴化铵[2],开动搅拌器,在强烈搅拌下,从冷凝管的上方分 3～4 次慢慢加入 50% 的氢氧化钠溶液($2.2 \times V$ mL,V 为环己烯的体积),约需 5min,加完后,继续室温下搅拌,10min 内反应混合物形成乳浊液,并于 25min 内反应液温度自行上升到 50～55℃[3],搅拌下保温 1h(如温度达不到,可用热水浴加热反应物,维持反应温度在 50－55℃),反应物颜色由灰白色变为黄棕色。反应结束后,在慢速搅拌下加入 40mL 冷水以溶解其中的盐(如盐未溶,可适当补加一些水)。把反应混合物倒入分液漏斗中,静止分液. 收集下层的氯仿层,上层的碱性水层用 30mL 石油醚萃取一次. 将上层的石油醚萃取液和氯仿层合并,用 25mL 2mol/L 盐酸洗涤,再用分别 25mL 水洗涤两次,油层用无水硫酸镁干燥.

将干燥的石油醚－氯仿溶液倒入 100mL 的圆底烧杯中,加入沸石,水浴加热蒸出石油醚及氯仿,当无馏出液时,改用小火加热继续蒸馏至无馏出液时,停止蒸馏。稍冷将装置改为减压蒸馏装置,水浴加热,收集 79～80℃/2kPa 的馏分。所得产品通过气相色谱法分析纯度,称重、计算产率。

纯 7,7-二氯双环[4.1.0]庚烷为无色液体,bp197～198℃ n_D^{23}1.5014。

讨论与思考

(1) 为什么要控制分馏头上端的温度?

(2) 为什么本实验在水存在的情况下,二氯碳烯可以和烯烃发生加成反应?

(3) 相转移催化的原理是什么?

实验 39　对硝基苯胺的制备

1. 实验目的

(1) 了解苯胺的酰基化反应原理及其在合成上的意义。

(2) 学习硝化反应、酰胺水解的原理及方法。

(3) 熟练重结晶的操作方法。

(4) 熟悉薄层色谱的操作方法。

2. 实验原理

1) 芳胺的酰化反应原理

苯胺是一类很重要的有机合成中间体。由于氨基的强致活,使苯胺易氧化,或易发生环上的多元卤代。因此,苯胺的酰基化反应常用于氨基的保护或降低氨基对苯环的致活性。

乙酰苯胺可以通过苯胺与乙酰氯、乙酸酐或冰醋酸等试剂进行酰基化反应制得。其中苯胺与乙酰氯反应最激烈,乙酸酐次之,冰醋酸最慢。本实验采用乙酸酐与苯胺反应来制备乙酰苯胺。

注释①②③见实验 24(P78)注释①②③。

主反应：

$$\text{C}_6\text{H}_5-\text{NH}_2 + (\text{CH}_3\text{CO})_2\text{O} \xrightarrow[\triangle]{\text{CH}_3\text{COOH}} \text{C}_6\text{H}_5-\text{NH}-\overset{\text{O}}{\underset{\|}{\text{C}}}-\text{CH}_3$$

2）硝化反应原理

芳香族硝基化合物一般是由芳香族化合物直接硝化制得。最常用的硝化剂是浓硝酸和浓硫酸的混合液，常称为"混酸"，其浓度与反应温度及反应物的活性大小有关。当芳环上已有钝化基团存在时，需用活性较大的硝化试剂：发烟硝酸与浓硫酸的混合酸，且要提高反应温度；反之，当芳环上有活化基团存在时，只需用稀硝酸，在室温下进行反应。

硝化反应是亲电取代反应，对该反应速率起主要作用的是真正的硝化试剂 NO_2^+（硝酰正离子）的浓度。混酸中浓硫酸除了起脱水作用外，重要的是促进 NO_2^+ 的生成，从而提高反应速率。其反应机理如下：

$$\text{HO}-\text{NO}_2 + 2\text{H}_2\text{SO}_4 \longrightarrow \text{NO}_2^+ + \text{H}_3\text{O}^+ + 2\text{HSO}_4^-$$

$$\text{C}_6\text{H}_6 + \text{NO}_2^+ \longrightarrow \left[\underset{\text{NO}_2}{\overset{\text{H}}{\underset{\oplus}{}}} \right] \longrightarrow \text{C}_6\text{H}_5-\text{NO}_2$$

混酸中的硝酸具有氧化性，易被氧化的芳胺类不宜直接在混酸中硝化，需用酰化的方法将氨基保护后，再进行硝化，最后酰胺水解转为芳胺。本实验是以乙酰苯胺为原料，先硝化后水解来制得对硝基苯胺。

主反应：

$$\underset{\text{NHCOCH}_3}{\bigcirc} \xrightarrow[\text{H}_2\text{SO}_4]{\text{HNO}_3} \underset{\text{NO}_2}{\overset{\text{NHCOCH}_3}{\bigcirc}} \xrightarrow[\text{H}_2\text{O}]{\text{H}^+} \underset{\text{NO}_2}{\overset{\text{NH}_2}{\bigcirc}} + \text{CH}_3\text{COOH}$$

副反应：

$$\underset{\text{NHCOCH}_3}{\bigcirc} + \text{H}_2\text{O} \longrightarrow \underset{\text{NH}_2}{\bigcirc} + \text{H}_2\text{O}$$

$$\underset{\text{NHCOCH}_3}{\bigcirc} + \text{HONO}_2 \xrightarrow{\text{H}_2\text{SO}_4} \underset{}{\overset{\text{NHCOCH}_3 \ \text{NO}_2}{\bigcirc}} + \text{H}_2\text{O}$$

乙酰氨基是邻对位定位基，它使苯环活化而易硝化。因此乙酰苯胺只需在较低温度下与混酸作用，主要得到对位硝基化合物，此外有少量邻位产物。随反应温度升高，邻位产物增多。可利用碱性水解或乙醇重结晶的方法除去邻位产物。

3. 仪器与试剂

1）仪器

100mL 三口烧瓶；100mL 圆底烧瓶；球形冷凝管；烧杯；量筒；滴液漏斗；温度计；电动搅拌器；布氏漏斗、抽滤瓶；析层缸；紫外灯。

2）试剂

苯胺 9.2g(9mL,0.1mol)；乙酸酐 13g(12mL,0.13mol)；冰醋酸 9.4g(9mL,0.17mol)；活性碳；乙酰苯胺 5g(0.037mol)；冰醋酸 5mlL；硝酸 3mL；碳酸钠；浓硫酸 12mL；氢氧化钠；70%硫酸 20mL；乙酸乙酯；石油醚。

4. 实验步骤

1）乙酰苯胺的制备

取 100mL 三口烧瓶安装滴加回流装置。将 12mL 乙酸酐,9mL 冰醋酸放入烧瓶中,在分液漏斗中放入 9mL 新蒸馏过的苯胺①。然后,将苯胺逐渐滴加到烧瓶中内,边滴加边振荡。苯胺滴加完毕后,在石棉网上用小火加热回流 30min。在搅拌下,趁热把反应混合物以细流状慢慢地倒入盛有 150mL 冷水的烧杯中②,使乙酰苯胺呈颗粒状析出。充分冷却至室温后,进行减压过滤。烧杯壁上粘附的晶体用滤液转移完全。尽量抽干母液,用空心塞将滤饼压干,再用 10mL 冷水洗涤两次,抽干,以除去残留的酸液。得到的粗乙酰苯胺按下列操作进行重结晶。

将粗乙酰苯胺结晶移入 250mL 烧杯中,加入 120mL 热水③,加热至沸,使粗乙酰苯胺溶解,若溶液沸腾时仍有未溶解的油珠,应适当补加少量热水,直至油珠消失为止。稍冷后④,加入半匙粉末状活性炭,在搅拌下微沸 5min,趁热用预热好的布氏漏斗⑤进行减压过滤。将滤液转移到一干净的烧杯中,自然冷却至室温,抽滤,用少量冷水洗涤,把产物放在干净的表面皿中晾干,称重、计算产率。

纯乙酰苯胺是无色片状晶体,mp114℃,能溶于热水,易溶于乙醇、乙醚、氯仿。

2）对硝基乙酰苯胺的制备

在 100mL 三口烧瓶上,分别装上电动搅拌器,温度计及滴液漏斗,在瓶内放置自制的 Xg 乙酰苯胺和 XmL 冰醋酸(X 为干的乙酰苯胺质量 g)。滴液漏斗中放置 2XmL 浓硫酸,用冷水冷却。开动搅拌器,控制反应温度低于 40℃,慢慢滴加浓硫酸,使乙酰苯胺逐渐溶解⑥。将所得溶液置于冰盐浴中冷却到 0℃以下。

---

① 久置的苯胺因空气氧化色深有杂质,故需进行蒸馏提纯。苯胺有毒,操作时应避免与皮肤接触或吸入其蒸气。若皮肤沾上苯胺,应立即用水冲洗。

② 反应混合物冷却后,立即有固体产物析出,沾在烧壁上不易处理,故需趁热倒出。同时有利于除去醋酸和未反应的苯胺,苯胺醋酸盐易溶于水。

③ 乙酰苯胺在水中的溶解度见实验 15(P62)注①。

④ 见实验 15(P62)注②。

⑤ 见实验 15(P62)注③。

⑥ 乙酰苯胺可以在低温下溶解于浓硫酸,但溶解速度较慢,加入冰醋酸可加速其溶解。为了避免乙酰苯胺的水解,溶解时的温度不宜高于 40℃。

用小锥形瓶在冰盐浴中配制混酸:$0.6X$mL 浓硝酸+$0.4X$mL 浓硫酸;将其转入滴液漏斗中。在冰盐浴冷却和搅拌下,将混酸逐渐滴加到反应液中(控制速度,切忌太快),保持反应温度不超过 5℃①。

混酸加完后,撤去冰盐浴,在室温下再搅拌 30min。将反应混合物在玻璃棒搅拌下以细流状慢慢地倒入 40mL 的冰水中,对硝基乙酰苯胺立刻成固体析出。放置约 10min,减压过滤,尽量挤压掉粗产物中的酸液,分别用 10mL 冰水洗涤三次,以洗去残余酸液。

将粗产物放入一个 600mL 烧杯中,加入 80mL 水,在不断搅拌下分次慢慢加入饱和的碳酸钠溶液 40mL,调节混合液的碱性为 pH8~9。搅拌下将反应混合溶加热至沸腾②,保持沸腾5min(此时对硝基乙酰苯胺不水解,而邻硝基乙酰苯胺则水解为邻硝基苯胺)。将溶液冷却到50℃③时,迅速减压过滤,尽量挤压掉溶于碱液中的邻硝基苯胺,用水洗涤两次,尽量除去溶于碱液中的邻硝基苯胺。

3) 对硝基乙酰苯胺的酸性水解

将得到的对硝基乙酰苯胺放入 400mL 的烧杯中,加入 $4X$mL70％硫酸④,加 1~2 粒沸石,在石棉网上用小火加热(易碳化),待溶液透明后,于此温度下保温 5min,冷却,将溶液倒入100~150mL 冷水中⑤。搅拌下慢慢加入 20％氢氧化钠溶液,调节溶液为碱性(pH8~9),使对硝基苯胺沉淀下来,冷却至室温后,减压过滤,滤饼用冷水洗涤⑥。取出产物,放在表面皿上晾干。

纯对硝基苯胺为黄色针状晶体,mp147.5℃。

纯对硝基苯胺的标准红外光谱如图 3-3 所示。

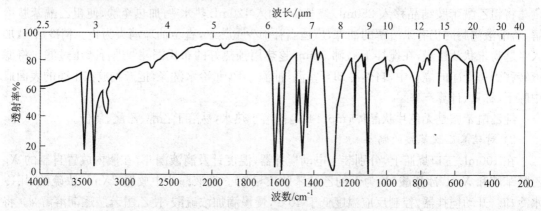

图 3-3　对硝基苯胺的标准红外光谱

---

①　乙酰苯胺与混酸在 5℃下作用,主要产物是对硝基乙酰苯胺,在 40℃作用,则生成 25％的邻硝基乙酰苯胺。

②　由于固体较多,加热时如不搅拌有可能爆沸。

③　pH 为 8~9 时,硝基乙酰苯胺与碱液共热,邻位产物易水解成邻硝基苯胺,其在 50℃时溶于碱液中故可借减压过滤方法除去邻硝基苯胺。

④　对硝基乙酰苯胺的水解反应可在酸性或碱性介质中进行,用酸性介质水解,反应速度较快。

⑤　此时若有沉淀析出,可能为较难溶于稀硫酸的邻硝基苯胺,应减压过滤除去。

⑥　对硝基苯胺在 100mL 水中的溶解度:0.08g(18.5℃),2.2g(100℃)。

以乙酸乙酯∶石油醚＝1∶1(*V/V*)为展开剂,薄层色谱法分析产品的纯度,计算 R_f 值,临摹图样。

讨论与思考

(1) 根据乙酰苯胺在水中的溶解度,计算本实验乙酰苯胺的理论产量,需加多少毫升的沸水才能使其溶解?

(2) 对硝基苯胺是否可从苯胺直接硝化来制备? 为什么?

(3) 如何除去对硝基乙酰苯胺粗产物中的邻硝基乙酰苯胺?

实验 40　2-庚醇的制备

1. 实验目的

(1) 学习用乙酰乙酸乙酯合成甲基酮的原理和方法。

(2) 学习金属钠的使用方法。

(3) 学习利用金属氢化物——氢化硼钾还原 2-庚酮制备 2-庚醇的原理和方法。

2. 实验原理

乙酰乙酸乙酯分子中活泼亚甲基上的氢原子具有弱酸性,在醇钠等强碱作用下,生成钠盐,后者可与卤代烃发生亲核取代反应生成一烷基取代的乙酰乙酸乙酯,再进行酮式分解,生成甲基酮。再以氢化硼钾作还原剂还原 2-庚酮制备 2-庚醇。

主反应:

1) 烷基化反应

$$CH_3COCH_2COOC_2H_5 \xrightarrow{C_2H_5ONa} [CH_3COCHCOOC_2H_5]^- Na^+ \xrightarrow[②H^+]{①CH_3CH_2CH_2CH_2Br}$$

$$\underset{\underset{CH_2CH_2CH_3}{|}}{CH_3COCHCOOC_2H_5} \xrightarrow{稀\ NaOH} \underset{\underset{CH_2CH_2CH_3}{|}}{CH_3COCHCOONa} \xrightarrow[\triangle]{H^+} CH_3COCH_2CH_2CH_2CH_3$$

2) 还原反应

$$CH_3COCH_2CH_2CH_2CH_3 \xrightarrow{KBH_4} \underset{\underset{OH}{|}}{CH_3CHCH_2CH_2CH_2CH_3}$$

3. 仪器与试剂

1) 仪器

100mL 三口烧瓶;电动搅拌器;回流冷凝管;滴液漏斗;干燥管;分液漏斗;红外光谱仪。

2) 试剂

金属钠 1.15g(0.05mol);乙酰乙酸乙酯 6.7g(6.5mL,0.051mol);1-溴丁烷 7.6g(6mL,

0.055mol）；氢化硼钾；碘化钾 0.6g；无水乙醇 30mL；10％氢氧化钠溶液；20％硫酸溶液；饱和
食盐水；无水硫酸镁。

4. 实验操作步骤

1）1.2-庚酮的制备

如图 3-4 所示安装实验装置。

在烧瓶中加入 30mL 无水乙醇（用 $CaCl_2$ 干燥）[①]，搅拌下
将切成细条的 1.15g 金属钠分批加入瓶中[②]，加入速度以维
持乙醇微沸为限[③]。待金属钠作用完全后，加入 0.6gKI[④] 和
6.5mL 乙酰乙酸乙酯，水浴加热回流，滴加 6mL1－溴丁烷，
继续回流 1.5h。待反应液冷却后抽滤，并用少量乙醇洗涤溴
化钠晶体。将所得滤液转入 250mL 三口瓶中，安装搅拌回
流装置，加入 15mL10％氢氧化钠溶液，加热回流 1h，冷却至
室温，在持续搅拌下由滴液漏斗慢慢加入 8mL20％硫酸溶液
（有气泡产生），滴加完毕，加热回流 30min。冷却至室温。分
出有机层，用 10mL 乙酸乙酯萃取酸层，将乙酸乙酯层与有
机层合并，用 10mL 水洗涤。分出有机层，用无水硫酸镁干
燥。水浴蒸除乙酸乙酯至无馏出液为止，再在石棉网上用小
火继续加热蒸出残余的乙酸乙酯，当温度上升至 120℃左右
时，停止加热，稍冷后换上空气冷凝管，继续加热蒸馏，收集
150～153℃的馏分。

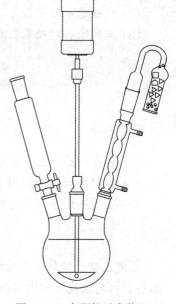

2）2.2-庚醇的制备

图 3-4　2-庚酮的反应装置

在 100mL 三口烧瓶上安装电动搅拌器、回流冷凝管和滴液
漏斗。在烧瓶内加入 XmL2-庚酮和 10mL 水。水浴温度控制在 15～20℃，在搅拌下，滴加氢
化硼钾溶液（0.07g 氢氧化钠＋10mL 水溶解后，加入 0.19Xg 氢化硼钾，搅拌使其溶解[⑤]）。待
氢化硼钾溶液滴加完毕后，在 20～30℃浴温下继续搅拌 2h。反应结束后，反应液用 20％硫酸
溶液慢慢地中和至中性或酸性[⑥]。分去水层，油层每次用 20mL 饱和食盐水洗涤两次，尽量分
去水层。粗产物用无水硫酸镁干燥。简单蒸馏，收集 158～160℃馏分。所得产品通过红外光
谱进行产品结构的表征和鉴定。

---

① 本实验所需仪器均需充分干燥。

② 在回流过程中，由于生成的溴化钠晶体沉降于瓶底，会出现剧烈的暴沸现象，如采用搅拌装置
可避免暴沸现象。

③ 反应太快会冲料。

④ 碘化钾的作用是在溶液中与正溴丁烷发生卤素交换反应，将正溴丁烷转化为正碘丁烷，产生的
正碘丁烷更容易发生亲核取代反应，因而对反应起催化作用。

⑤ 氢化硼钾遇酸易分解，反应需在弱碱性下进行。

⑥ 加入 20％硫酸溶液进行分解时，有氢气放出，应慢慢地加入。

讨论与思考

（1）在正丁基乙酰乙酸乙酯中加碱起什么作用？反应完后反应液呈酸性还是碱性？

（2）制备正丁基乙酰乙酸乙酯的反应装置中为什么要加干燥管？

第4章 有机化学设计与研究型实验

4.1 有机化学设计型实验

设计性实验首先要求学生经过有机化学实验基本操作和合成实验的训练,已初步掌握有机化学实验的基本知识与技能,具备了查阅资料的能力。设计实验为学生自行选题、学校立项的学生科研项目、教师的科研课题、或在以下十个题目中选择题目。学生应在限定的时间内通过查阅资料、工具书及其它相关文献,独立完成实验开题报告,通过指导老师审定后,应自己独立完成实验。最后以小论文形式提交实验报告。要求学生具有一定的创新意识和创新能力。

通过设计实验的训练,使学生对科研的整个过程有了感性的认识。这包括——选题、查阅文献、设计方案、实验操作、产品结构表征、实验小结。培养了学生查阅中外文献能力、独立分析解决问题的能力、实验动手能力、观察能力和有机化学实验知识的综合应用能力,为以后从事科学研究打下基础。

1) 开题报告内容

(1) 课题背景(研究课题的应用范围、存在的问题、解决问题的方案)。

(2) 实验合成路线的选择。

(3) 反应机理及影响反应的因素。

(4) 实验所需仪器及试剂。

(5) 原料及产物的物理常数。

(6) 实验操作步骤。

2) 实验报告的内容

(1) 摘要(中文)①。

(2) 引言——①课题背景;②实验合成路线的选择;③反应机理及影响反应的因素。

(3) 实验部分——①实验仪器与试剂;②试剂及产物的物理常数;③实验制备方法。

(4) 实验结果与讨论。

(5) 产物的结构表征。

(6) 结论。

(7) 主要参考文献。

3) 实验注意事项

(1) 结合研究方向在实验前六周必须把题目及所用试剂的清单上报实验室。

(2) 学生进行分组,同一题目2人/组。

(3) 学生在查阅相关文献后,在实验前两周向指导老师提交实验方案。

(4) 原则上不允许学生选做毒性高、危险性大的实验。

---

① 中文摘要字数不小于150,实验报告的字数不小于5000。

实验 41　环己酮环二缩酮的合成

在酸的催化下环己酮与乙二元醇、1,2-丙二醇缩合生成的环己酮环二缩酮是重要的医药、化工原料中间体和香料。

【合成提示】

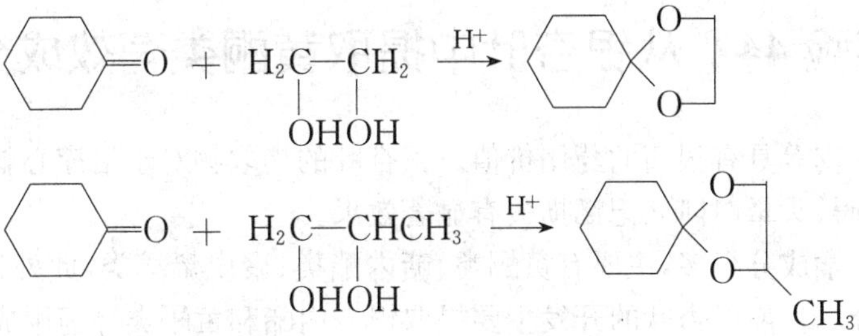

要求:

(1) 查阅资料,了解固体酸的发展状况及应用。

(2) 自制负载型固体酸,要求该固体酸催化活性高、制备方便、重现性好、成本低、对环境污染小。

(3) 从某一方面研究此催化剂的制备工艺对反应活性的影响(如负载量、活化条件、用量、使用寿命等)。

实验 42　安息香的合成

安息香,化学名称:2-羟基-1,2-二苯基乙酮,别名 2-羟基-2-苯基苯乙酮、苯偶姻、二苯乙醇酮。是重要的医药、化工原料中间体。

【合成提示】

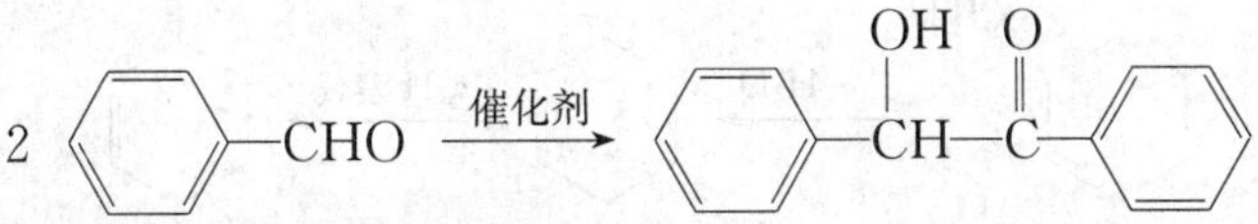

要求:选用无毒的合成方法或生物法。

实验 43　从黑胡椒中提取胡椒碱

黑胡椒具有香味和辛辣味,是菜肴调料中的佳品。黑胡椒中含有在约 10% 的胡椒碱和少量胡椒碱的几何异构体佳味碱(Chavicin)。黑胡椒的其他成分为淀粉(20%~40%)、挥发油(1%~3%)、水(8%~12%)。胡椒碱化学名称:1,4-二取代丁二烯。其结构如下:

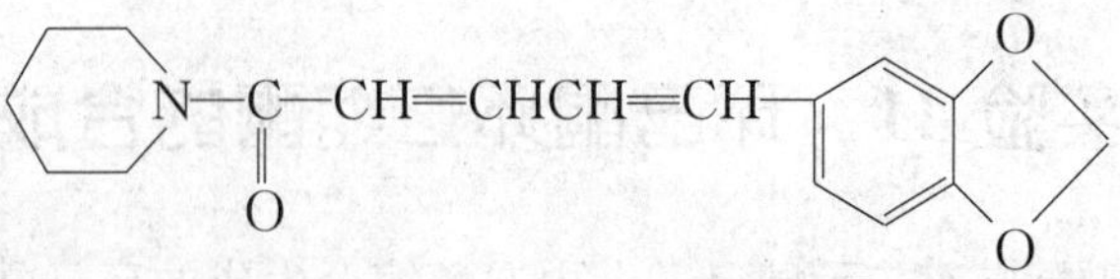

要求：选择合适的溶剂，使用连续萃取法提取得到粗产品——胡椒碱，然后重结晶得到纯胡椒碱。

实验 44　从银杏叶中提取黄酮类有效成分

银杏的果、叶、皮等具有很高的药用价值。银杏叶的提取物对于治疗心脑血管和周边血管疾病、神经系统障碍、头晕、耳鸣、记忆损失有显著效果。

银杏叶中的化学成分很多，主要有黄酮类、萜内酯类、聚戊烯醇类，此外还有酚类、生物碱和多糖等药用成分。目前银杏叶的开发主要提取银杏内酯和黄酮类等药用成分。黄酮类化合物由黄酮醇及其苷、双黄酮、儿茶素三类组成，它们具有广泛的生理活性。黄酮类化合物的结构较复杂，其中黄酮醇及其苷的结构如下：

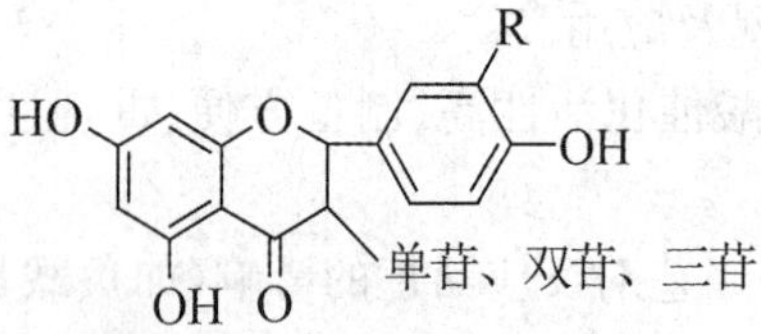

R=H　　　莰非醇
R=OH　　戊羟黄酮
R=OCH₃　异鼠李亭衍生物

要求：选择合适实验室的提取法提取。

实验 45　3-溴环己烯的合成

用途：有机合成原料。

【合成提示】

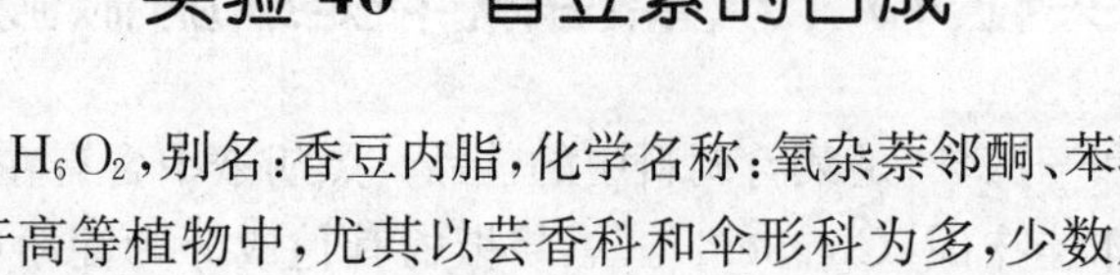

要求：选用常用实验室溴代法合成。

实验 46　香豆素的合成

香豆素，分子式 $C_9H_6O_2$，别名：香豆内脂，化学名称：氧杂萘邻酮、苯骈 α-吡喃酮。

香豆素广泛分布于高等植物中，尤其以芸香科和伞形科为多，少数发现于动物和微生物中。在植物体内，它们往往以游离状态或与糖结合成苷的形式存在。

香豆素是一个重要的香料，主要用于配制日用化学品香精；也用作橡胶、塑料制品的增香剂；还可用于食品、烟和酒等作香料精；也可用作金属表面加工的打磨剂和增光剂；在制药工业中用作中间体和药物。

【合成提示】

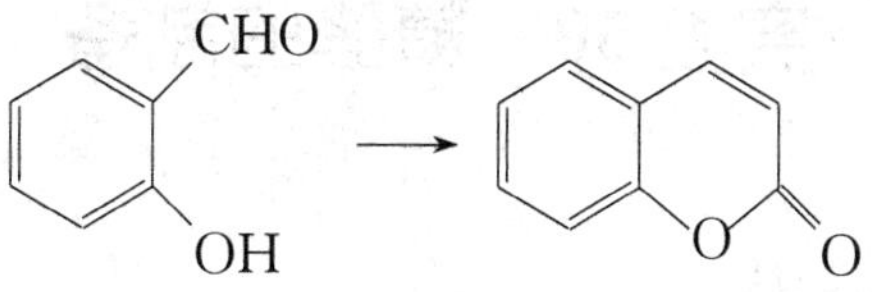

要求:选用安全、环保的合成方法。

实验 47　3-吲哚甲醛的合成

用途:医药及农药中间体。

【合成提示】

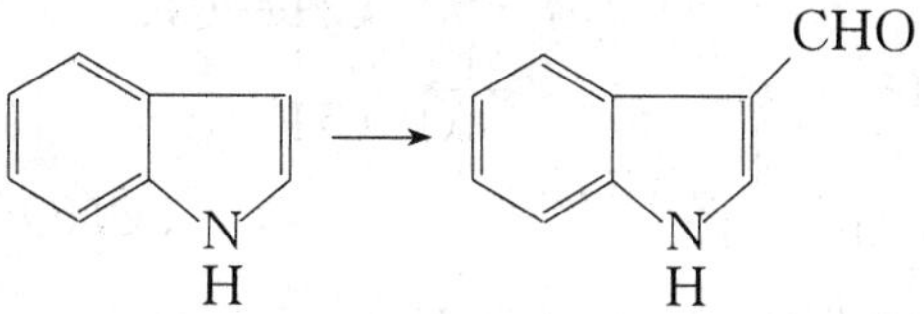

要求:利用 vilsmeier 反应合成。

实验 48　己二酸的合成

己二酸,分子式 $C_6H_{10}O_4$。是最重要的脂肪族二元酸。工业上利用己二酸与己二胺的缩合反应生产尼龙 66 盐(简称 AH 盐),尼龙 66 盐进一步缩聚即可得到尼龙 66 树脂。此外,己二酸与醇反应生成的己二酸酯可用作增塑剂、合成润滑剂和聚酯等产品。

【合成提示】

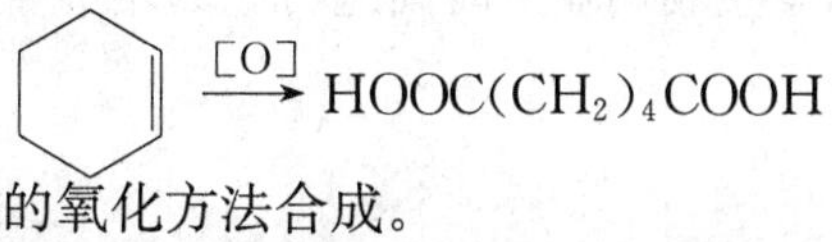

$$\xrightarrow{[O]} HOOC(CH_2)_4COOH$$

要求:选择符合绿色环保的氧化方法合成。

实验 49　苯佐卡因的制备

药物名称:苯佐卡因,**药物别名:**阿奈司台辛。**化学名称:**对氨基苯甲酸乙酯。

用途:局部麻醉药。

【合成提示】

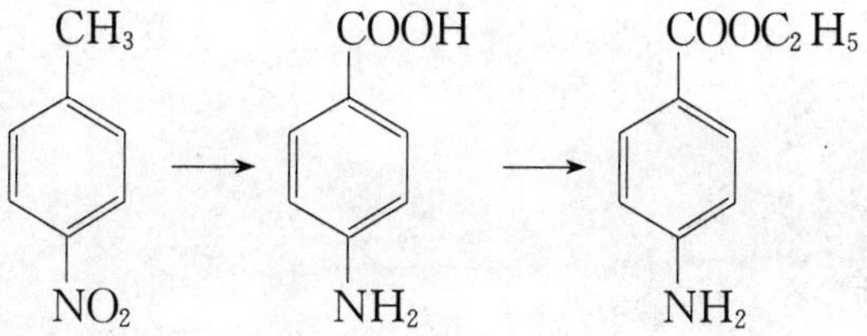

要求:合成路线合理,总收率高。

实验 50　　糠醛的制备

化学名称: α-呋喃甲醛。

用途: 重要的有机合成中间体。

【制备提示】

在玉米芯、花生壳、谷糠等天然产物中含有大量聚戊糖,聚戊糖易酸性水解生成戊糖,戊糖分子内脱水生成糠醛。

$$(C_5H_8O_4)_n + nH_2O \xrightarrow{HCl} nC_5H_{10}C_5$$

要求: 从天然产物中合成提取,设计提取装置。

4.2　有机化学研究型实验

部分学生自行组合成立科技发明小组,可邀请教师给予一定的协助性指导。在自己调研的基础上,利用扎实的理论和有机化学实验基础,进行立项,开展创新性研究。以小论文或研究报告的形式结题;或对企业进行调研,为企业需要解决的有机化学问题作探索性实验;或教师根据自己的研究方向给出支课题,学生自己查阅文献、设计研究方案、完成研究工作。研究型实验不占教学计划的学时,学生利用业余时间进行。为培养学生的科研能力和应用知识的能力创造条件。

4.2.1　研究方案制定

(1) 研究的目的和意义。

(2) 国内外研究现状。

(3) 研究路线的选择及原理。

(4) 实验所需仪器及实验所用试剂的用量及规格。

(5) 原料及产物的物理常数。

(6) 主要装置图。

(7) 研究方案。

(8) 预期的结果。

(9) 主要参考文献。

4.2.2　实验注意事项

(1) 结合研究方向在实验前八周必须把研究方案及所用试剂的清单上报实验室。

(2) 学生至少 2 人或 2 人以上组成研究小组。

(3) 学生研究工作必须有指导老师,可利用实验室开放时间完成。

(4) 原则上不允许学生选做毒性高、危险性大的实验。

4.2.3　提供的研究方向

(1) 龙脑稀醛的合成及其应用研究。

(2) 丙二酰二芳胺的合成及其偶合反应的研究。

(3) 丙二酰二芳胺的合成及缩合反应的研究。

(4) 光电导体的合成、表征和光电导性能测试。

(5) 离子液体的制备及结构表征。

(6) 绿色农药中间体的制备及应用研究。

(7) 微波反应及其应用。

(8) 医药中间体的手性合成。

附　录

附录1　常用有机溶剂的纯化

市售有机溶剂也像其他化学试剂一样有保证试剂(G. R.)、分析纯试剂(A. R.)、化学纯试剂(C. P.)、实验级试剂(L. R.)及工业品等不同规格,可根据实验对溶剂的具体要求直接选用,一般不需要作纯化处理。

1) 无水乙醇

制备无水乙醇的方法很多,根据对无水乙醇质量的要求不同而选择不同的方法。若要制备98%～99%的乙醇,可采用下列方法:

(1) 利用苯、水和乙醇形成低共沸混合物的性质,将苯加入乙醇中,进行分馏,在64.9℃时蒸出苯、水、乙醇的三元共沸混合物,多余的苯在68.3℃与乙醇形成二元共沸混合物被蒸出,最后蒸出乙醇。工业多采用此法。

(2) 用生石灰脱水。于100mL95%乙醇中加入新鲜的块状生石灰20g,回流3～5h,然后进行蒸馏。

若要制备绝对乙醇,可采用下列方法:

(1) 在100mL99%乙醇中,加入7g金属钠,待反应完毕,再加入27.5g邻苯二甲酸二乙酯或25g草酸二乙酯,回流2～3h,然后进行蒸馏。

金属钠虽能与乙醇中的水作用,产生氢气和氢氧化钠,但所生成的氢氧化钠又与乙醇发生平衡反应,因此单独使用金属钠不能完全除去乙醇中的水,须加入过量的高 bp 酯,如邻苯二甲酸二乙酯与生成的氢氧化钠作用,抑制上述反应,从而达到进一步脱水的目的。

(2) 在60mL99%乙醇中,加入5g镁和0.5g碘,待镁溶解生成醇镁后,再加入900mL99%乙醇,回流5h后,蒸馏,可得到99.9%乙醇。

由于乙醇具有非常强的吸湿性,所以在操作时,动作要迅速,尽量减少转移次数以防止空气中的水分进入,同时所用仪器必须事前干燥好。

纯乙醇 bp78.5℃,折光率 1.361 6,相对密度 0.789 3。

2) 无水乙醚

普通乙醚常含有 2%乙醇和 0.5%水。久藏的乙醚常含有少量过氧化物。

过氧化物的检验和除去:

在干净的试管中放入 2～3 滴浓硫酸,1mL2%碘化钾溶液(若碘化钾溶液已被空气氧化,可用稀亚硫酸钠溶液滴到黄色消失)和1～2滴淀粉溶液,混合均匀后加入乙醚,出现蓝色即表示有过氧化物存在。

除去过氧化物可用新配制的硫酸亚铁稀溶液(配制方法是 $FeSO_4$ 60g,100mL 水和 6mL 浓硫酸)。将 100mL 乙醚和 10mL 新配制的硫酸亚铁溶液放在分液漏斗中洗数次,至无过氧化物为止。

醇和水的检验和除去：

乙醚中放入少许高锰酸钾粉末和一粒氢氧化钠。放置后，氢氧化钠表面附有棕色树脂，即证明有醇存在。水的存在用无水硫酸铜检验。

先用无水氯化钙除去大部分水，再经金属钠干燥。其方法是：将100mL乙醚放在干燥锥形瓶中，加入20～25g无水氯化钙，瓶口用软木塞塞紧，放置一天以上，并间断摇动，然后蒸馏，收集33～37℃的馏分。用压钠机将1g金属钠直接压成钠丝放于盛乙醚的瓶中，用带有氯化钙干燥管的软木塞塞住，或在木塞中插一末端拉成毛细管的玻璃管，这样，既可防止潮气浸入，又可使产生的气体逸出。放置至无气泡发生即可使用；放置后，若钠丝表面已变黄变粗时，须再蒸一次，然后再压入钠丝。

纯乙醚bp34.51℃，折光率1.3526，相对密度0.71378。

3）乙酸乙酯

乙酸乙酯一般含量为95％～98％，含有少量水、乙醇和乙酸。可用下法纯化：于1000mL乙酸乙酯中加入100mL乙酸酐，10滴浓硫酸，加热回流4h，除去乙醇和水等杂质，然后进行蒸馏，收集76～77℃馏分。馏出液用20～30g无水碳酸钾振荡，再蒸馏。产物bp为77℃，纯度可达以上99％。

纯乙酸乙酯bp77.06℃，折光率1.372，相对密度0.9003。

4）甲醇

普通木精制的甲醇含有0.02％丙酮和0.1％水。而工业甲醇中这些杂质的含量达0.5％～1％。为了制得纯度达99.9％以上的甲醇，可将甲醇用分馏柱分馏。收集64℃的馏分，再用镁去水（与制备无水乙醇相同）。甲醇有毒，处理时应防止吸入其蒸气。

纯甲醇bp64.96℃，折光率1.3288，相对密度0.7914。

5）石油醚

石油醚为轻质石油产品，是低相对分子质量烷烃类的混合物。其沸程为30～150℃，收集的温度区间一般为30℃左右。有30～60℃，60～90℃，90～120℃等沸程规格的石油醚。其中含有少量不饱和烃，bp与烷烃相近，用蒸馏法无法分离。

石油醚的精制通常将石油醚用浓硫酸洗涤2～3次，再用0.1mol/L高锰酸钾的10％硫酸溶液洗涤，用0.1mol/L高锰酸钾10％氢氧化钠溶液洗涤，然后再用水洗去残碱，经无水氯化钙干燥后蒸馏。若需绝对干燥的石油醚，可加入钠丝（与纯化无水乙醚相同）。

6）二甲亚砜（DMSO）

二甲基亚砜能与水混合，可用分子筛长期放置加以干燥。然后减压蒸馏，收集76℃/1600Pa（12mmHg）馏分。蒸馏时，温度不可高于90℃，否则会发生歧化反应生成二甲砜和二甲硫醚。也可用氧化钙、氢化钙、氧化钡或无水硫酸钡来干燥，然后减压蒸馏。也可用部分结晶的方法纯化。

纯二甲基亚砜bp189℃，熔点18.5℃，折光率1.4783，相对密度1.100。

7）N,N-二甲基甲酰胺（DMF）

N,N-二甲基甲酰胺含有少量水分。常压蒸馏时有些分解，产生二甲胺和一氧化碳。在有酸或碱存在时，分解加快。所以加入固体氢氧化钾（钠）在室温放置数小时后，即有部分分解。因此，最常用硫酸钙、硫酸镁、氧化钡、硅胶或分子筛干燥，然后减压蒸馏，收集76℃/4800Pa（36mmHg）的馏分。其中如含水较多时，可加入其1/10体积的苯，在常压及80℃以下蒸去水和苯,然后再用无水硫酸镁或氧化钡干燥,最后进行减压蒸馏。纯化后的 N,N-二甲基甲酰胺要避光贮存。

N,N-二甲基甲酰胺 bp149～156℃,折光率1.4305,相对密度0.9487。无色液体,与多数有机溶剂和水可任意混合,对有机和无机化合物的溶解性能较好。

8) 二硫化碳

二硫化碳为有毒化合物,能使血液神经组织中毒。具有高度的挥发性和易燃性,因此,使用时应避免与其蒸气接触。

对二硫化碳纯度要求不高的实验,在二硫化碳中加入少量无水氯化钙干燥几小时,在水浴55℃～65℃下加热蒸馏、收集。如需要制备较纯的二硫化碳,在试剂级的二硫化碳中加入0.5%高锰酸钾水溶液洗涤三次。除去硫化氢再用汞不断振荡以除去硫。最后用2.5%硫酸汞溶液洗涤,除去所有的硫化氢(洗至没有恶臭为止),再经氯化钙干燥,蒸馏收集。

纯二硫化碳 bp46.5℃,mp−111.6℃,密度1.2632,折射率1.6319,不溶于水,可与甲醇、乙醇、乙醚、苯、氯仿混溶。

9) 二氯甲烷

使用二氯甲烷比氯仿安全,因此常常用它来代替氯仿作为比水重的萃取剂。普通的二氯甲烷一般都能直接做萃取剂用。如需纯化,可用5%碳酸钠溶液洗涤,再用水洗涤,然后用无水氯化钙干燥,蒸馏收集40～41℃的馏分,保存在棕色瓶中。

纯二氯甲烷 bp40℃,折光率1.4242,相对密度1.3266。

10) 二氧六环

二氧六环能与水任意混合,常含有少量二乙醇缩醛与水,久贮的二氧六环可能含有过氧化物(鉴定和除去参阅乙醚)。

二氧六环的纯化方法:在 500mL 二氧六环中加入 8mL 浓盐酸和 50mL 水的溶液,回流6～10h,在回流过程中,慢慢通入氮气以除去生成的乙醛。冷却后,加入固体氢氧化钾,直到不能再溶解为止,分去水层,再用固体氢氧化钾干燥24h。然后过滤,在金属钠存在下加热回流8～12h,最后在金属钠存在下蒸馏 ,压入钠丝密封保存。精制过的1,4-二氧环己烷应当避免与空气接触。

纯二氧六环 bp101.5℃,mp12℃,折光率1.4424,相对密度1.0336。

11) 氯仿

氯仿在日光下易氧化成氯气、氯化氢和光气(剧毒),故氯仿应贮于棕色瓶中。市场上供应的氯仿多用1‰酒精做稳定剂,以消除产生的光气。氯仿中乙醇的检验可用碘仿反应;游离氯化氢的检验可用硝酸银的醇溶液。

除去乙醇可将氯仿用其二分之一体积的水振摇数次分离下层的氯仿,用氯化钙干燥24h,然后蒸馏。

另一种纯化方法:将氯仿与少量浓硫酸一起振动两三次。每 200mL 氯仿用 10mL 浓硫酸,分去酸层以后的氯仿用水洗涤,干燥,然后蒸馏。

除去乙醇后的无水氯仿应保存在棕色瓶中并避光存放,以免光化作用产生光气。

氯仿 bp61.7℃,折光率1.4459,相对密度1.4832。

12) 吡啶

分析纯的吡啶含有少量水分,可供一般实验用。如要制得无水吡啶,可将吡啶与几粒氢氧化钾(钠)一同回流,然后隔绝潮气蒸出备用。干燥的吡啶吸水性很强,保存时应将容器口用石蜡封好。

纯吡啶 bp115.5℃,折光率 1.509 5,相对密度 0.981 9。

13) 四氯化碳

四氯化碳中二硫化碳达 4%。纯化时,可将 1000mL 四氯化碳与 60g 氢氧化钾溶于 60mL 水和 100mL 乙醇的溶液混在一起,在 50～60℃时振摇 30min,然后水洗,再将此四氯化碳按上述方法重复操作再一次(氢氧化钾的用量减半)。四氯化碳中残余的乙醇可以用氯化钙除掉。最后将四氯化碳用氯化钙干燥,过滤,蒸馏收集 76.7℃馏分。四氯化碳不能用金属钠干燥,因有爆炸危险。

纯四氯化碳 bp76.8℃,折光率 1.460 3,相对密度 1.595。

14) 四氢呋喃

四氢呋喃与水能混溶,并常含有少量水分及过氧化物。如要制得无水四氢呋喃,可用氢化铝锂在隔绝潮气下回流(通常 1000mL 约需 2～4g 氢化铝锂)除去其中的水和过氧化物,然后蒸馏,收集 66℃的馏分(蒸馏时不要蒸干)。精制后的液体加入钠丝并应在氮气氛中保存。

处理四氢呋喃时,应先用小量进行试验,在确定其中只有少量水和过氧化物,作用不致过于激烈时,方可进行纯化。四氢呋喃中的过氧化物可用酸化的碘化钾溶液来检验。如过氧化物较多,应另行处理为宜

四氢呋喃 bp67℃(64.5℃),折光率 1.405 0,相对密度 0.889 2。

15) 丙酮

普通丙酮常含有少量的水及甲醇、乙醛等还原性杂质。其纯化方法有:

(1) 于 250mL 丙酮中加入 2.5g 高锰酸钾回流,若高锰酸钾紫色很快消失,再加入少量高锰酸钾继续回流,至紫色不褪为止。然后将丙酮蒸出,用无水碳酸钾或无水硫酸钙干燥,过滤后蒸馏,收集 55～56.5℃的馏分。用此法纯化丙酮时,须注意丙酮中含还原性物质不能太多,否则会过多消耗高锰酸钾和丙酮,使处理时间增长。

(2) 将 100mL 丙酮装入分液漏斗中,先加入 4mL 10%硝酸银溶液,再加入 3.6mL 1mol/L 氢氧化钠溶液,振摇 10min,分出丙酮层,再加入无水硫酸钾或无水硫酸钙进行干燥。最后蒸馏收集 55～56.5℃馏分。此法比方法(1)要快,但硝酸银较贵,只宜做小量纯化用。

纯丙酮 bp56.2℃,折光率 1.358 8,相对密度 0.789 9。

16) 苯

普通苯常含有少量水和噻吩,噻吩和 bp84℃,与苯接近,不能用蒸馏的方法除去。噻吩的检验:取 1mL 苯加入 2mL 溶有 2mg 吲哚醌的浓硫酸,振荡片刻,若酸层为蓝绿色,即表示有噻吩存在。

噻吩和水的除去:将苯装入分液漏斗中,加入相当于苯体积七分之一的浓硫酸,振摇使噻吩磺化,弃去酸液,再加入新的浓硫酸,重复操作几次,直到酸层呈现无色或淡黄色,并检验无噻吩为止。将上述无噻吩的苯依次用 10%碳酸钠溶液和水洗至中性,再用氯化钙干燥,进行蒸馏,收集 80℃的馏分,最后用金属钠脱去微量的水得无水苯。

纯苯 bp80.1℃,折光率 1.501 1,相对密度 0.878 65。

附录 2　常用有机溶剂的物理常数

溶剂	mp	bp	D_4^{20}	n_D^{20}	e	R_D	m
Aceticacid 乙酸	17	118	1.049	1.3716	6.15	12.9	1.68
Acetone 丙酮	−95	56	0.788	1.3587	20.7	16.2	2.85
Acetonitrile 乙腈	−44	82	0.782	1.3441	37.5	11.1	3.45
Anisole 苯甲醚	−3	154	0.994	1.5170	4.33	33	1.38
Benzene 苯	5	80	0.879	1.5011	2.27	26.2	0.00
Bromobenzene 溴苯	−31	156	1.495	1.5580	5.17	33.7	1.55
Carbondisulfide 二硫化碳	−112	46	1.274	1.6295	2.6	21.3	0.00
Carbontetrachloride 四氯化碳	−23	77	1.594	1.4601	2.24	25.8	0.00
Chlorobenzene 氯苯	−46	132	1.106	1.5248	5.62	31.2	1.54
Chloroform 氯仿	−64	61	1.489	1.4458	4.81	21	1.15
Cyclohexane 环己烷	6	81	0.778	1.4262	2.02	27.7	0.00
Dibutylether 丁醚	−98	142	0.769	1.3992	3.1	40.8	1.18
o-Dichlorobenzene 邻二氯苯	−17	181	1.306	1.5514	9.93	35.9	2.27
1,2-Dichloroethane 1,2-二氯乙烷	−36	84	1.253	1.4448	10.36	21	1.86
Dichloromethane 二氯乙烷	−95	40	1.326	1.4241	8.93	16	1.55
Diethylamine 二乙胺	−50	56	0.707	1.3864	3.6	24.3	0.92
Diethylether 乙醚	−117	35	0.713	1.3524	4.33	22.1	1.30
1,2-Dimethoxyethane 1,2-二甲氧基乙烷	−68	85	0.863	1.3796	7.2	24.1	1.71
N,N-Dimethylacetamide N,N-二甲基乙酰胺	−20	166	0.937	1.4384	37.8	24.2	3.72
N,N-Dimethylformamide N,N-二甲基甲酰胺	−60	152	0.945	1.4305	36.7	19.9	3.86

（续表）

溶剂	mp	bp	D_4^{20}	n_D^{20}	e	R_D	m
Dimethylsulfoxide 二甲基亚砜	19	189	1.096	1.4783	46.7	20.1	3.90
1,4-Dioxane 1,4-二氧六环	12	101	1.034	1.4224	2.25	21.6	0.45
Ethanol 乙醇	−114	78	0.789	1.3614	24.5	12.8	1.69
Ethylacetate 乙酸乙酯	−84	77	0.901	1.3724	6.02	22.3	1.88
Ethylbenzoate 苯甲酸乙酯	−35	213	1.050	1.5052	6.02	42.5	2.00
Formamide 甲酰胺	3	211	1.133	1.4475	111.0	10.6	3.37
Hexamethylphosphoramide	7	235	1.027	1.4588	30.0	47.7	5.54
Isopropylalcohol 异丙醇	−90	82	0.786	1.3772	17.9	17.5	1.66
isopropylether 异丙醚	−60	68		1.36			
Methanol 甲醇	−98	65	0.791	1.3284	32.7	8.2	1.70
2-Methyl-2-propanol 2-甲基-2-丙醇	26	82	0.786	1.3877	10.9	22.2	1.66
Nitrobenzene 硝基苯	6	211	1.204	1.5562	34.82	32.7	4.02
Nitromethane 硝基甲烷	−28	101	1.137	1.3817	35.87	12.5	3.54
Pyridine 吡啶	−42	115	0.983	1.5102	12.4	24.1	2.37
tert-butylalcohol 叔丁醇	25.5	82.5		1.3878			
Tetrahydrofuran 四氢呋喃	−109	66	0.888	1.4072	7.58	19.9	1.75
Toluene 甲苯	−95	111	0.867	1.4969	2.38	31.1	0.43
Trichloroethylene 三氯乙烯	−86	87	1.465	1.4767	3.4	25.5	0.81
Triethylamine 三乙胺	−115	90	0.726	1.4010	2.42	33.1	0.87
Trifluoroaceticacid 三氟乙酸	−15	72	1.489	1.2850	8.55	13.7	2.26
2,2,2-Trifluoroethanol 2,2,2-三氟乙醇	−44	77	1.384	1.2910	8.55	12.4	2.52

（续表）

溶剂	mp	bp	D_4^{20}	n_D^{20}	e	R_D	m
Water 水	0	100	0.998	1.333 0	80.1	3.7	1.82
O-Xylene 邻二甲苯	−25	144	0.880	1.505 4	2.57	35.8	0.62

附录3　化学实验中各种冷却浴的冷却温度

温度/℃	冷却浴	温度/℃	冷却浴
13	对二甲苯/干冰	−56	正辛烷/干冰
12	1,4-二氧六环/干冰	−60	异丙醚/干冰
6	环己烷/干冰	−77	丙酮/干冰
5	苯/干冰	−77	乙酸丁酯/干冰
2	甲酰胺/干冰	−83	丙胺/干冰
0	碎冰	−83.6	乙酸乙酯/液氮
−5～−20	冰/盐	−89	正丁醇/液氮
−10.5	乙二醇/干冰	−94	己烷/液氮
−12	环庚烷/干冰	−94.6	丙酮/液氮
−15	苯甲醇/干冰	−95.1	甲苯/液氮
−22	四氯乙烯/干冰	−98	甲醇/液氮
−22.8	四氯化碳/干冰	−100	乙醚/干冰
−25	1,3−二氯苯/干冰	−104	环己烷/液氮
−29	邻二甲苯/干冰	−116	乙醇/液氮
−32	间甲苯胺/干冰	−116	乙醚/液氮
−41	乙腈/干冰	−131	正五烷/液氮
−42	吡啶/干冰	−160	异戊烷/液氮
−47	间二甲苯/干冰	−196	液氮

附录4　常用酸碱溶液密度及百分组成表

附录 4-1　氢氧化钠溶液的浓度、溶质的质量分数和密度

密度（20℃）/(g/cm³)	NaOH 的质量分数/(g/100g 溶液)	物质的量浓度/(mol/L)	密度（20℃）/(g/cm³)	NaOH 的质量分数/(g/100g 溶液)	物质的量浓度/(mol/L)
1.000	0.159	0.039 3	1.270	24.645	7.824

（续表）

密度(20℃) /(g/cm³)	NaOH 的质量分数 /(g/100g 溶液)	物质的量浓度 /(mol/L)	密度(20℃) /(g/cm³)	NaOH 的质量分数 /(g/100g 溶液)	物质的量浓度 /(mol/L)
1.005	0.602	0.151	1.275	25.10	8.000
1.010	1.045	0.264	1.280	25.56	8.178
1.015	1.49	0.378	1.285	26.02	8.357
1.020	1.94	0.494	1.290	26.48	8.0539
1.025	2.39	0.611	1.295	26.94	8.722
1.030	2.84	0.731	1.300	27.41	8.906
1.035	3.29	0.851	1.305	27.87	9.092
1.040	3.745	0.971	1.310	28.33	9.278
1.045	4.20	1.097	1.315	28.80	9.466
1.050	4.655	1.222	1.320	29.26	9.656
1.055	5.11	1.347	1.325	29.73	9.847
1.060	5.56	1.474	1.330	30.20	10.04
1.065	6.02	1.602	1.335	30.67	10.23
1.070	6.47	1.731	1.340	31.14	10.43
1.075	6.93	1.862	1.345	31.62	10.63
1.080	7.38	1.992	1.350	32.10	10.83
1.085	7.83	2.123	1.355	32.58	11.03
1.090	8.28	2.257	1.360	33.06	11.24
1.095	8.74	2.391	1.365	33.54	11.45
1.100	9.19	2.527	1.370	34.03	11.65
1.105	9.645	2.664	1.375	34.52	11.86
1.110	10.10	2.802	1.380	35.01	12.08
1.115	10.555	2.942	1.385	35.50	12.29
1.120	11.01	3.082	1.390	36.00	12.51
1.125	11.46	3.224	1.395	36.495	12.73
1.130	11.92	3.367	1.400	36.99	12.95
1.135	12.37	3.510	1.405	37.49	13.17
1.140	12.83	3.655	1.410	37.99	13.30
1.145	13.28	3.801	1.415	38.49	13.61
1.150	13.73	3.947	1.420	38.99	13.84
1.155	14.18	4.095	1.425	39.495	14.07

密度(20℃)/(g/cm³)	NaOH 的质量分数/(g/100g 溶液)	物质的量浓度/(mol/L)	密度(20℃)/(g/cm³)	NaOH 的质量分数/(g/100g 溶液)	物质的量浓度/(mol/L)
1.160	14.64	4.244	1.430	40.00	14.30
1.165	15.09	4.395	1.435	40.515	14.53
1.170	15.54	4.545	1.440	41.03	14.77
1.175	15.99	4.697	1.445	41.55	15.01
1.180	16.44	4.850	1.450	42.07	15.25
1.185	16.89	5.004	1.455	42.59	15.49
1.190	17.345	5.160	1.460	43.12	15.74
1.195	17.80	5.317	1.465	43.64	15.98
1.200	18.255	5.476	1.470	44.17	16.23
1.205	18.71	5.636	1.475	44.695	16.48
1.210	19.16	5.796	1.480	45.22	16.73
1.215	19.62	5.958	1.485	45.75	16.98
1.220	20.07	6.122	1.490	46.27	17.28
1.225	20.53	6.286	1.495	46.80	17.49
1.230	20.98	6.451	1.500	47.23	17.75
1.235	21.44	6.619	1.505	47.85	18.00
1.240	21.90	6.788	1.510	48.88	18.20
1.245	22.30	6.958	1.515	48.905	18.52
1.250	22.82	7.129	1.520	49.44	18.78
1.255	23.275	7.302	1.525	49.97	19.05
1.260	23.73	7.475	1.530	50.50	19.31
1.265	24.19	7.650			

附录 4-2　硫酸溶液的浓度、溶质的质量分数和密度

密度(20℃)/(g/cm³)	H₂SO₄ 的质量分数/(g/100g 溶液)	物质的量浓度/(mol/L)	密度(20℃)/(g/cm³)	H₂SO₄ 的质量分数/(g/100g 溶液)	物质的量浓度/(mol/L)
1.000	0.2609	0.02660	1.145	20.73	2.420
1.005	0.9855	0.1010	1.150	21.38	2.507
1.010	1.731	0.1783	1.155	22.03	2.594
1.015	2.485	0.2595	1.160	22.67	2.681
1.020	3.242	0.3372	1.165	23.31	2.768
1.025	4.000	0.4180	1.170	23.95	2.857

（续表）

密度(20℃)/(g/cm³)	H_2SO_4 的质量分数/(g/100g 溶液)	物质的量浓度/(mol/L)	密度(20℃)/(g/cm³)	H_2SO_4 的质量分数/(g/100g 溶液)	物质的量浓度/(mol/L)
1.030	4.746	0.4983	1.175	24.58	2.945
1.035	5.493	0.5796	1.180	25.21	3.033
1.040	6.237	0.6613	1.185	25.84	3.122
1.045	6.956	0.7411	1.190	26.47	3.211
1.050	7.704	0.825	1.195	27.10	3.302
1.055	8.415	0.9054	1.200	27.72	3.391
1.060	9.129	0.9865	1.205	28.33	3.481
1.065	9.843	1.066	1.210	28.95	3.572
1.070	10.56	1.152	1.215	29.57	3.663
1.075	11.26	1.235	1.220	30.18	3.754
1.080	11.96	1.317	1.225	30.79	3.846
1.085	12.66	1.401	1.230	31.40	3.938
1.090	13.36	1.484	1.235	32.01	4.031
1.095	14.04	1.567	1.240	32.61	4.123
1.100	14.73	1.652	1.245	33.22	4.216
1.105	15.41	1.735	1.250	33.32	4.310
1.110	16.08	1.820	1.255	34.42	4.404
1.115	16.76	1.905	1.260	35.01	4.498
1.120	17.43	1.990	1.265	35.60	4.592
1.125	18.09	2.075	1.270	36.19	4.686
1.130	18.76	2.161	1.275	36.78	4.781
1.135	19.42	2.247	1.280	37.36	4.876
1.140	20.08	2.334	1.285	37.95	4.972
1.290	38.53	5.068	1.295	39.10	5.163
1.300	39.68	5.259	1.305	40.25	5.356
1.310	40.82	5.452	1.315	41.39	5.549
1.320	41.95	5.646	1.325	42.51	5.743
1.330	43.07	5.804	1.335	43.62	5.933
1.340	44.17	6.035	1.345	44.72	6.132
1.350	45.26	6.229	1.355	45.80	6.327
1.360	46.33	6.424	1.365	46.86	6.522

（续表）

密度(20℃)/(g/cm³)	H₂SO₄ 的质量分数/(g/100g 溶液)	物质的量浓度/(mol/L)	密度(20℃)/(g/cm³)	H₂SO₄ 的质量分数/(g/100g 溶液)	物质的量浓度/(mol/L)
1.370	47.39	6.620	1.375	47.92	6.718
1.380	48.45	6.817	1.385	48.97	6.915
1.390	49.48	7.012	1.395	49.99	7.110
1.400	50.50	7.208	1.405	51.01	7.307
1.410	51.52	7.406	1.415	52.02	7.505
1.420	52.51	7.603	1.425	53.01	7.702
1.430	53.50	7.801	1.435	54.00	7.901
1.440	54.49	8.000	1.445	54.97	8.099
1.450	55.45	8.198	1.455	55.93	8.297
1.460	56.41	8.397	1.465	56.89	8.497

附录 4-3　硝酸溶液的浓度、溶质的质量分数和密度

密度(20℃)/(g/cm³)	HNO₃ 的质量分数/(g/100g 溶液)	物质的量浓度/(mol/L)	密度(20℃)/(g/cm³)	HNO₃ 的质量分数/(g/100g 溶液)	物质的量浓度/(mol/L)
1.000	0.333 3	0.052 31	1.290	46.85	9.590
1.005	1.255	0.200 1	1.295	47.63	9.789
1.010	2.164	0.346 8	1.300	48.42	9.990
1.015	3.073	0.495 0	1.305	49.21	10.19
1.020	3.982	0.644 5	1.310	50.00	10.39
1.025	4.833	0.794 3	1.315	50.85	10.61
1.030	5.784	0.945 4	1.320	51.71	10.83
1.035	6.661	1.094	1.325	52.56	11.05
1.040	7.530	1.243	1.330	53.41	11.27
1.045	8.398	1.393	1.335	54.27	110 49
1.050	9.259	1.543	1.340	55.13	11.27
1.055	10.12	1.694	1.345	56.04	11.96
1.060	10.97	1.845	1.350	56.95	12.20
1.065	11.81	1.997	1.355	57.87	12.41
1.070	12.65	2.148	1.360	58.78	12.68
1.075	13.48	1.080	1.370	60.67	13.19
1.080	14.30	2.453	1.375	61.60	13.46
1.085	15.13	206.5	1.380	62.70	13.73

密度（20℃）/(g/cm³)	HNO₃的质量分数/(g/100g溶液)	物质的量浓度/(mol/L)	密度（20℃）/(g/cm³)	HNO₃的质量分数/(g/100g溶液)	物质的量浓度/(mol/L)
1.090	15.95	2.759	1.385	63.72	14.01
1.095	16.76	2.913	1.390	64.74	14.29
1.100	17.68	3.068	1.395	65.84	14.57
1.105	18.39	3.224	1.400	66.97	14.88
1.110	19.19	3.381	1.405	68.10	15.18
1.115	20.00	3.529	1.410	69.23	15.49
1.120	20.79	3.696	1.415	70.39	15.81
1.125	21.59	3.854	1.420	71.63	16.14
1.130	22.38	4.012	1.425	72.86	16.47
1.135	23.16	4.171	1.430	74.09	16.81
1.140	23.94	4.330	1.435	75.35	17.16
1.145	24.71	4.489	1.440	76.71	17.53
1.150	25.48	4.649	1.445	78.07	17.90
1.160	27.00	4.970	1.450	79.43	18.23
1.170	28.54	5.293	1.455	80.88	18.68
1.175	29.25	5.455	1.460	82.39	19.09
1.180	30.00	5.618	1.465	83.19	19.51
1.190	31.47	5.943	1.470	85.50	19.95
1.195	32.21	6.107	1.475	87.29	20.43
1.200	32.99	6.273	1.480	89.07	20.92
1.205	33.68	6.440	1.485	91.13	21.48
1.210	34.4	6.607	1.490	93.49	22.11
1.215	35.16	6.778	1.495	95.46	22.65
1.220	35.93	6.956	1.500	96.73	23.02
1.225	36.70	7.135	1.501	96.98	23.10
1.230	37.48	7.315	1.502	97.23	23.18
1.235	38.25	7.497	1.503	97.49	23.25
1.240	39.02	7.679	1.504	97.74	23.33
1.245	39.80	7.863	1.505	97.99	23.40
1.250	40.58	8.040	1.506	98.25	23.48
1.255	41.36	8.237	1.507	98.50	23.56

（续表）

密度(20℃) /(g/cm³)	HNO₃ 的质量分数 /(g/100g 溶液)	物质的量浓度 /(mol/L)	密度(20℃) /(g/cm³)	HNO₃ 的质量分数 /(g/100g 溶液)	物质的量浓度 /(mol/L)
1.260	42.14	8.480	1.508	98.76	23.68
1.265	42.92	8.616	1.509	99.01	23.71
1.270	43.70	8.806	1.510	99.26	23.79
1.273	44.48	9.001	1.511	99.52	23.86
1.280	45.27	9.105	1.512	99.77	23.94
1.285	46.06	9.394	1.513	100.00	24.01

附录 4-4　实验室常用酸、碱的浓度

试剂名称	密度(20℃)/(g/mL)	浓度/(mol/L)	质量分数
浓硫酸	1.84	18.0	0.960
浓盐酸	1.19	12.1	0.372
浓硝酸	1.42	15.9	0.704
磷酸	1.70	14.8	0.855
冰醋酸	1.05	17.45	0.998
浓氨水	0.90	14.53	0.566
浓氢氧化钠	1.54	19.4	0.505

附录 5　常见有机溶剂间的共沸混合物

共沸混合物	组分的 bp/℃	共沸物的组成(质量)/%	共沸物的 bp/℃
乙醇-乙酸乙酯	78.3,78.0	30∶70	72.0
乙醇-苯	78.3,80.6	32∶68	68.2
乙醇-氯仿	78.3,61.2	7∶93	59.4
乙醇-四氯化碳	78.3,77.0	16∶84	64.9
乙酸乙酯-四氯化碳	78.0,77.0	43∶57	75.0
甲醇-四氯化碳	64.7,77.0	21∶79	55.7
甲醇-苯	64.7,80.4	39∶61	48.3
氯仿-丙酮	61.2,56.4	80∶20	64.7
甲苯-乙酸	101.5,118.5	72∶28	105.4
乙醇-苯-水	78.3,80.6,100	19∶74∶7	64.9

附录6　一些溶剂与水形成的二元共沸物

溶剂	bp/℃	共 bp/℃	含水量/%	溶剂	bp/℃	共 bp/℃	含水量/%
氯仿	61.2	56.1	2.5	甲苯	110.5	85.0	20
四氯化碳	77.0	66.0	4.0	正丙醇	97.2	87.7	28.8
苯	80.4	69.2	8.8	异丁醇	108.4	89.9	88.2
丙烯腈	78.0	70.0	13.0	二甲苯	137—40.5	92.0	37.5
二氯乙烷	83.7	72.0	19.5	正丁醇	117.7	92.2	37.5
乙腈	82.0	76.0	16.0	吡啶	115.5	94.0	42
乙醇	78.3	78.1	4.4	异戊醇	131.0	95.1	49.6
乙酸乙酯	77.1	70.4	8.0	正戊醇	138.3	95.4	44.7
异丙醇	82.4	80.4	12.1	氯乙醇	129.0	97.8	59.0
乙醚	35	34	1.0	二硫化碳	46	44	2.0
甲酸	101	107	26				

附录7　重要官能团的红外特征吸收

基团	振动类型	波数/cm^{-1}	波长/μm	强度	备注
一、烷烃类	CH 伸	3000~2843	3.33~3.52	中、强	
	CH 伸（反称）	2972~2880	3.37~3.47	中、强	
	CH 伸（对称）	2882~2843	3.49~3.52	中、强	分为反称与对称
	CH 弯（面内）	1490~1350	6.71~7.41		
	C—C 伸	1250~1140	8.00~8.77		
二、烯烃类	CH 伸	3100~3000	3.23~3.33	中、弱	
	C=C 伸	1695~1630	5.90~6.13		
	CH 弯（面内）	1430~1290	7.00~7.75	中	
	CH 弯（面外）	1010~650	9.90~15.4	强	C=C=C 为 2000 ~1925cm^{-1}
	单取代	995~985	10.05~10.15	强	
		910~905	10.99~11.05	强	
	双取代顺式	730~650	13.70~15.38	强	
	反式	980~965	10.20~10.36	强	
三、炔烃类	CH 伸	~3300	~3.03	中	
	C≡C 伸	2270~2100	4.41~4.76	中	
	CH 弯（面内）	1260~1245	7.94~8.03		
	CH 弯（面外）	645~615	15.50~16.25	强	

（续表）

基团	振动类型	波数/cm⁻¹	波长/μm	强度	备注
	CH 伸	3 100~3 000	3.23~3.33	变	三、四个峰,特征
	泛频峰	2 000~1 667	5.00~6.00		
	骨架振动($\nu_{C=C}$)				
四、取代苯类		1 600±20	6.25±0.08		
		1 500±25	6.67±0.10		
		1 580±10	6.33±0.04		
		1 450±20	6.90±0.10		
	CH 弯(面内)	1 250~1 000	8.00~10.00	弱	
	CH 弯(面外)	910~665	10.99~15.03	强	确定取代位置
单取代	CH 弯(面外)	770~730	12.99~13.70	极强	五个相邻氢
邻双取代	CH 弯(面外)	770~730	12.99~13.70	极强	四个相邻氢
间双取代	CH 弯(面外)	810~750	12.35~13.33	极强	三个相邻氢
		900~860	11.12~11.63	中	一个氢(次要)
对双取代	CH 弯(面外)	860~800	11.63~12.50	极强	二个相邻氢
1,2,3,三取代	CH 弯(面外)	810~750	12.35~13.33	强	三个相邻氢与间双 易混
1,3,5,三取代	CH 弯(面外)	874~835	11.44~11.98	强	一个氢
1,2,4,三取代	CH 弯(面外)	885~860	11.30~11.63	中	一个氢
		860~800	11.63~12.50	强	二个相邻氢
*1,2,3,4 四取代	CH 弯(面外)	860~800	11.63~12.50	强	二个相邻氢
*1,2,4,5 四取代	CH 弯(面外)	860~800	11.63~12.50	强	一个氢
*1,2,3,5 四取代	CH 弯(面外)	865~810	11.56~12.35	强	一个氢
* 五取代	CH 弯(面外)	~860	~11.63	强	一个氢
五、醇类、酚类	OH 伸	3 700~3 200	2.70~3.13	变	
	OH 弯(面内)	1 410~1 260	7.09~7.93	弱	
	C—O 伸	1 260~1 000	7.94~10.00	强	
	O—H 弯(面外)	750~650	13.33~15.38	强	液态有此峰
OH 伸缩频率 游离 OH	OH 伸	3 650~3 590	2.74~2.79	强	
分子间氢键	OH 伸	3 500~3 300	2.86~3.03	强	
分子内氢键	OH 伸(单桥)				
		3 570~3 450	2.80~2.90	强	
OH 弯或 C—O 伸 伯醇(饱和)		~1 400			锐峰
		1 250~1 000			钝峰(稀释向低频 移动 *)
	OH 弯(面内)	~1 400	~7.14	强	
仲醇(饱和)	C—O 伸	1 125~1 000	8.00~10.00	强	钝峰(稀释无影响)
	OH 弯(面内)	~1 400	~7.14	强	
叔醇(饱和)	C—O 伸	1 210~1 100	8.89~10.00	强	
	OH 弯(面内)	1 390~1 330	~7.14	强	
酚类(ΦOH)	C—O 伸	1 260~1 180	8.26~9.09	强	
	OH 弯(面内)		7.20~7.52	中	
	Φ—O 伸		7.94~8.47	强	

（续表）

基团	振动类型	波数/cm^{-1}	波长/μm	强度	备注
六、醚类	C—O—C 伸	1 270～1 010	7.87～9.90	强	或标 C—O 伸
脂链醚	C—O—C 伸	1 225～1 060	8.16～9.43	强	
脂环醚	C—O—C 伸(反称)	1 100～1 030	9.09～9.71	强	氧与侧链碳相连的
	C—O—C 伸(对称)	980～900	10.20～11.11	强	芳醚同脂醚
芳醚	=C—O—C 伸(反称)	1 270～1 230	7.87～8.13	强	O—CH$_3$ 的特征峰
（氧与芳环相连）	=C—O—C 伸(对称)	1 050～1 000	9.52～10.00	中	
	CH 伸	～2 825	～3.53	弱	
七、醛类	CH 伸	2 850～2 710	3.51～3.69	弱	一般～2 820 及～2 720cm^{-1} 两个带
（—CHO）	C=O 伸	1 755～1 665	5.70～6.00	很强	
	CH 弯(面外)	975～780	10.2～12.80	中	
饱和脂肪醛	C=O 伸	～1 725	～5.80	强	
α,β-不饱和醛	C=O 伸	～1 685	～5.93	强	
芳醛	C=O 伸	～1 695	～5.90	强	
八、酮类	C=O 伸	1 700～1 630	5.78～6.13	极强	
＼C=O ／	C—C 伸	1 250～1 030	8.00～9.70	弱	
	泛频	3 510～3 390	2.85～2.95	很弱	
脂酮					
饱和链状酮	C=O 伸	1 725～1 705	5.80～5.86	强	
α,β-不饱和酮	C=O 伸	1 690～1 675	5.92～5.97	强	C=O 与 C=C 共轭向低频移动谱带较宽
β 二酮	C=O 伸	1 640～1 540	6.10～6.49	强	
芳酮类	C=O 伸	1 700～1 630	5.88～6.14	强	
Ar—CO	C=O 伸	1 690—1 680	5.92～5.95	强	
二芳基酮	C=O 伸	1 670～1 660	5.99～6.02	强	
1-酮基-2-羟基（或氨基)芳酮	C=O 伸	1 665～1 635	6.01～6.12	强	
脂环酮					
四环元酮	C=O 伸	～1 775	～5.63	强	
五元环酮	C=O 伸	1 750～1 740	5.71～5.75	强	
六元、七元环酮	C=O 伸	1 745～1 725	5.73～5.80	强	
九、羧酸类	OH 伸	3 400～2 500	2.94～4.00	中	在稀溶液中，单体酸为锐峰在～3 350cm^{-1}；二聚体为宽峰，以～3 000cm^{-1} 为中心
（—COOH）	C=O 伸	1 740～1 650	5.75～6.06	强	
	OH 弯(面内)	～1 430	～6.99	弱	
		～1 300	～7.69	中	
	OH 弯(面外)	950～900	10.53～11.11	弱	
脂肪酸					
R—COOH	C=O 伸	1 725～1 700	5.80～5.88	强	氢键
α,β-不饱和酸	C=O 伸	1 705～1 690	5.87～5.91	强	
芳酸	C=O 伸	1 700～1 650	5.88～6.06	强	

（续表）

基团	振动类型	波数/cm⁻¹	波长/μm	强度	备注
十、酸酐					
链酸酐	C=O 伸（反称）	1850～1800	5.41～5.56	强	共轭时每个谱带降20cm⁻¹
	C=O 伸（对称）	1780～1740	5.62～5.75	强	
	C—O 伸	1170～1050	8.55～9.52	强	
环酸酐（五元环）	C=O 伸（反称）	1870～1820	5.35～5.49	强	共轭时每个谱带降20cm⁻¹
	C=O 伸（对称）	1800～1750	5.56～5.71	强	
	C—O 伸	1300～1200	7.69～8.33	强	
十一、酯类　　　O‖—C—O—R	C=O 伸（泛频）	～3450	～2.90	弱	
	C=O 伸	1770～1720	5.65～5.81	强	多数酯
	C—O—C 伸	1280～1100	7.81～9.09	强	
C=O 伸缩振动					
正常饱和酯	C=O 伸	1744～1739	5.73～5.75	强	
α,β-不饱和酯	C=O 伸	～1720	～5.81	强	
δ-内酯	C=O 伸	1750～1735	5.71～5.76	强	
γ-内酯（饱和）	C=O 伸	1780～1760	5.62～5.68	强	
β-内酯	C=O 伸	～1820	～5.50	强	
十二、胺	NH 伸	3500～3300	2.86～3.03	中	伯胺强，中；仲胺极弱
	NH 弯（面内）	1650～1550	6.06～6.45		
	C—N 伸	1340～1020	7.46～9.80	中	
	NH 弯（面外）	900～650	11.1～15.4	强	
伯胺类	NH 伸（反称、对称）	3500～3400	2.86～2.94	中、中	双峰
	NH 弯（面内）	1650～1590	6.06～6.29	强、中	
	C—N 伸	1340～1020	7.46～9.80	中、弱	
仲胺类	NH 伸	3500—3300	2.86—3.03	中	一个峰
	NH 弯（面内）	1650—1550	6.06—6.45	极弱	
	C—N 伸	1350—1020	7.41—9.80	中、弱	
叔胺类	C—N 伸（芳香）	1360～1020	7.35～9.80	中、弱	
十三、酰胺（脂肪与芳香酰胺数据类似）	NH 伸	3500～3100	2.86～3.22	强	伯酰胺双峰仲酰胺单峰
	C=O 伸	1680～1630	5.95～6.13	强	谱带Ⅰ
	NH 弯（面内）	1640～1550	6.10～6.45	强	谱带Ⅱ
	C—N 伸	1420～1400	7.04～7.14	中	谱带Ⅲ
伯酰胺	NH 伸（反称）	～3350	～2.98	强	
	（对称）	～3180	～3.14	强	
	C=O 伸	1680～1650	5.95～6.06	强	
	NH 弯（剪式）	1650～1620	6.06～6.15	强	
	C—N 伸	1420～1400	7.04～7.14	中	
	NH₂ 面内摇	～1150	～8.70	弱	
	NH₂ 面外摇	750～600	1.33～1.67	中	
仲酰胺	NH 伸	～3270	～3.09	强	
	C=O 伸	1680～1630	5.95～6.13	强	
	NH 弯+C—N 伸	1570～1515	6.37～6.60	中	两峰重合
	C—N 伸+NH 弯	1310～1200	7.63～8.33	中	两峰重合
叔酰胺	C=O 伸	1670～1630	5.99～6.13		

（续表）

基团	振动类型	波数/cm⁻¹	波长/μm	强度	备注
十四、氰类化合物					
脂肪族氰	C≡N 伸	2 260~2 240	4.43~4.46	强	
α、β 芳香氰	C≡N 伸	2 240~2 220	4.46~4.51	强	
α、β 不饱和氰	C≡N 伸	2 235~2 215	4.47~4.52	强	
十五、硝基化合物					
R—NO₂	NO₂ 伸（反称）	1 590~1 530	6.29~6.54	强	
	NO₂ 伸（对称）	1 390~1 350	7.19~7.41	强	
Ar—NO₂	NO₂ 伸（反称）	1 530~1 510	6.54~6.62	强	
	NO₂ 伸（对称）	1 350~1 330	7.41~7.52	强	

附录 8　不同类型质子的化学位移值

质子类型	化学位移	质子类型	化学位移
RCH₃	0.9	ArCH₃	2.3
R₂CH₂	1.2	RCH=CH₂	4.5~5.0
R₃CH	1.5	R₂C=CH₂	4.6~5.0
R₂NCH₃	2.2	R₂C=CHR	5.0~5.7
RCH₂I	3.2	RC≡CH	2.0~3.0
RCH₂Br	3.5	ArH	6.5~8.5
RCH₂Cl	3.7	RCHO	9.5~10.1
RCH₂F	4.4	RCOOH,RSO₃H	10~13
ROCH₃	3.4	ArOH	4~5
RCH₂OH,RCH₂OR	3.6	ROH	0.5~6.0
RCOOCH₃	3.7	RNH₂,R₂NH	0.5~5.0
RCOCH₃,R₂C=CRCH₃	2.1	RCONH₂	6.0~7.5

附录 9　干燥剂使用指南

干燥剂	适合干燥的物质	不适合干燥的物质	吸水量/(g/g)	活化温度/℃
氧化铝	烃,空气,氨气,氩气,氖气,氮气,氧气,氢气,二氧化碳,二氧化硫		0.2	175
氧化钡	有机碱,醇,醛,胺	酸性物质,二氧化碳	0.1	
氧化镁	烃,醛,醇,碱性气体,胺	酸性物质	0.5	800
氧化钙	醇,胺,氨气	酸性物质,酯	0.3	1000
硫酸钙	大多数有机物		0.066	235

（续表）

干燥剂	适合干燥的物质	不适合干燥的物质	吸水量/(g/g)	活化温度/℃
硫酸铜	酯,醇,(特别适合苯和甲苯的干燥)		0.6	200
硫酸钠	氯代烷烃,氯代芳烃,醛,酮,酸		1.2	150
硫酸镁	酸,酮,醛,酯,腈	对酸敏感物质	0.20.8	200
氯化钙(<20目)	氯代烷烃,氯代芳烃,酯,饱和芳香烃,芳香烃,醚	醇,胺,苯酚,醛,酰胺,氨基酸,某些酯和酮	0.2(1H₂O) 0.3(2H₂O)	250
氯化锌	烃	氨,胺,醇	0.2	110
氢氧化钾	胺,有机碱	酸,苯酚,酯,酰胺,酸性气体,醛		
氢氧化钠	胺	酸,苯酚,酯,酰胺		
碳酸钾	醇,腈,酮,酯,胺	酸,苯酚	0.2	300
钠	饱和脂肪烃和芳香烃烃,醚	酸,醇,醛,酮,胺,酯,氯代有机物,含水过高的物质		
五氧化二磷	烷烃,芳香烃,醚,氯代烷烃,氯代芳烃,腈,酸酐,腈,酯	醇,酸,胺,酮,氟化氢和氯化氢	0.5	
浓硫酸	惰性气体,氯化氢,氯气,一氧化碳,二氧化硫	基本不能与其它物质接触		
硅胶(6—16目)	绝大部分有机物	氟化氢	0.2	200—350
3A分子筛	分子直径>3A	分子直径<3A	0.18	117—260
4A分子筛	分子直径>4A	分子直径<4A,乙醇,硫化氢,二氧化碳,二氧化硫,乙烯,乙炔,强酸	0.18	250
5A分子筛	分子直径>5A,如,支链化合物和有4个碳原子以上的环	分子直径<5A,如,丁醇,正丁烷到正22烷	0.18	250

附录 10　与有机化学实验有关的网址

http://www. sioc. ac. cn/

http://springer. lib. tsinghua. edu. cn

http://www. sciencedirect. com/

http://kluwer. calis. edu. cn/

http://rsc. calis. edu. cn/main/default. asp

http://www3. interscience. wiley. com

http://pubs. acs. org/

http://www. rsc. org/

http://www. chemweb. com/
http://www. sipo. gov. cn
http://www. patent. com. cn
http://www. uspto. gov. cn
http://www. cnipr. com
http://ep. espacenet. com
http://www. uspto. gov
http://dii. derwent. com
http://ipdl. wipo. int
http://chinainfo. gov. cn/
http://china. chemnet. com/
http://www. qrx. cn/

参考书目

[1] 北京师范大学化学系有机教研室编. 有机化学实验[M]. 北京:北京师范大学出版社,1992.

[2] 张毓凡、曹玉蓉、冯霄. 有机化学实验[M]. 天津:南开大学出版社,1999.

[3] 谷珉珉、贾韵仪、姚子鹏. 有机化学实验[M]. 上海:复旦大学出版社,1991.

[4] 印永嘉. 大学化学手册[M]. 济南:山东科学技术出版社,1985.

[5] 王福来. 有机化学实验[M]. 武汉:武汉大学出版社,2003.

[6] 焦家俊. 有机化学实验[M]. 上海:上海交通大学出版社,2000.

[7] 胡漫成. 张昕,化学基础实验[M]. 上海:复旦大学出版社,1991.

[8] 刘湘,刘士. 有机化学实验(第一版)[M]. 北京:化学工业出版社,2007.

[9] 李兆陇,阴金香,林天舒. 有机化学实验(第一版)[M]. 北京:清华大学出版社,2001.

[10] 虞大红,吴海霞. 实验化学(第二版)[M]. 北京:化学工业出版社,2007.

[11] 黄涛. 有机化学实验(第三版)[M]. 北京:高教出版社,1998.

[12] Vogels. Textbook of Practical Organic Chemistry Including Qualitive Qrganic Analysis[M]. 4th Ed.,
Longman Crop Limited,1978.